JN335412

自衛隊そのトランスフォーメーション

対テロ・ゲリラ・コマンドウ作戦への再編

小西　誠　著

社会批評社

はじめに

本書は、タイトルに『自衛隊そのトランスフォーメーション』と名付けたように、自衛隊の今日の再編・変革の全容を描いたものだ。

一九九〇年代の終わりから、特に、二〇〇四年の新防衛計画の大綱の制定、二〇〇五年の日米安保再編を契機に、現在、自衛隊は創設以来最大ともいうべき再編に突入している。この自衛隊再編は、新聞などで個々に、部分的には報道されている。しかし、その全容はほとんど見えない。

本書において解明すべく努めたのは、この自衛隊大再編の全容だ。とりわけ筆者は、新『野外令』などの自衛隊の教範、幹部自衛官の主張を反映した自衛隊内の論文などを手がかりに、それを分析することにした。

この大再編の中で進行しているのは、対テロ作戦、対ゲリラ・コマンドウ作戦、離島防衛作戦などへの、訓練・部隊の両面での再編成だ。陸上自衛隊では、冷戦時代の戦車・火砲などのおよそ四割を削減して、これらの再編成が動き出している。

だが、この対テロ作戦、対ゲリラ・コマンドウ作戦などは、どのような目的を持つのか。どんな想定・戦略にもとづくのか。あるいは、北朝鮮脅威論・テロ脅威論とともに、今なぜ、中国脅威論が主張され始めたのか。これらについて、おそらく大半の国民は、大きなとまどいを感じているだろう。本書では、これらの一連のつながりの実態的分析に努めた。

昨年一〇月、自民党の憲法改定案、日米安保再編報告が提出され、これを契機に日本の「安全保障政策」をめぐる議論が一段と高まっている。ここでは、今後の憲法と自衛隊、憲法と安保の関係をどうするのか、という議論がもっとも重要な論点となる。

本書を『自衛隊そのトランスフォーメーション』と名付けたのは、自衛隊側からする変革だけでなく、私たち民衆が、主体的に自衛隊をどのように変革していくのか、という意味をも込めている。

いずれにしても、ここ数年の憲法・自衛隊・安保をめぐる論議には、日本とアジア、世界の命運がかかっており、青年たちを含む国民的議論を高めていくことが非常に重要になるだろう。本書がこのような国民的議論の始まりに、少しでも役立つことができれば幸いである。

二〇〇六年六月一五日

小西　誠

目次

第7章　憲法第九条の軍事論的意義 179

関連資料

写真提供　毎日新聞社ほか

第1章　自衛官たちの苦悩

射撃訓練中の隊員

自衛官の家族からのメール

最近、筆者のもとには、自衛官からの相談が急増している。とりわけ多いのが、自衛官の家族からのものだ。自殺、退職強要・退職制限の相談、うつ状態、いじめ・セクハラなどの人権侵害など、自衛官たちの悩みは深い。

筆者は、多くの方々の協力を得て、「米兵・自衛官人権ホットライン」という隊員の相談機関を設置している（二〇〇三年六月からスタート）。特にここでは、昨年（〇五年）からの相談件数が急増している。

まず、ある自衛官の母親（中山陽子さん・仮名）からの、Eメールでの相談を紹介しよう（プライバシー保護のため一部割愛）。

「自衛隊は特別のところ……という印象があって、弁護士や労働関係の相談窓口では、受け付けてもらえるのかどうか不安でしたので、相談させてください。

一昨年の春、陸上自衛隊に入隊し、ストレスを感じつつも頑張って仕事を続けていた長男が、何度か、いやな先輩の話をしてはいましたが、今月の一二日に、ともに食事に行こうと誘われたのを仕事の最中だったため、先に行ってくださいと言ったところ、突然後ろから頭を思いっきり平手で殴られたそうです。仕事のストレスや今までの我慢が一気に途切れて、やりかけの仕事の後、部屋に戻り、食事も取れなくなり、心配して部屋に来た上司に辞めたい旨を伝えたところ、もっと階級の上の人が実家に電話してきて、状況を伝えてくれました。

かなりうつ状態なので連休をかねて家に帰らせたいとのことでしたが、直接本人に聞くと、辞めてから戻りたいということでした。上司は辞めるのに二週間ほどかかるかもしれないし、食事も取れない状態なので一度帰宅するようにということで、親の私どもも子供の体が心配で帰るよう説得し、上司に辞める手続きについても聞きましたが、戻らないと手続きはできないが、辞めるのは長くて二週間もあればできるという返事でした。

病気で休んだ以外は遅刻や欠勤もせず頑張っていたので、暴力を振るった人に対する処分について聞いたところの返事は、自衛隊ではそういうことはよくあることと、上司から注意はしたということでした。

帰ってきた長男は、大きな禿ができていてかなりのストレス状態がみられました。休暇中は、引きこもりがちでしたが、退職するには戻らなければならないということで意を決して戻ったようですが、一人の上司は認めてくれたものの、隊長は自衛隊で立ち直ろうとか、働く部署を変えようと言うばかりで、退職に応じてくれず、結果的には、無断で家に帰ってきました（後略）」

陽子さんによれば、息子さんの孝夫君（仮名）は、「なぜ、無断で帰ったのか聞くと、本人は、どのくらい辞めたいか分かってもらうにはそれしかなかったが、真昼間、正門から出たにもかかわらず、身分証の提示も求められず、追いかけられることもなかったとのことです」という。

さて、無断で帰省した孝夫君には、直ちに自衛隊から連絡があった。というのは自衛隊は、無断外出には直ちに捜索隊を作り、実家をはじめ関係箇所を捜索するからだ。そして孝夫君は、すぐに帰隊しない限り懲戒免職になると通告された。これに対し陽子さんは、孝夫君は退職を強く希望しており、かなりの「うつ状態」なので、すぐに退職させてくださいと懇願した。だが、今回もまた自衛隊は、原隊に戻らない限り退職手続きはしない、と強く迫ってきた。

なるほど自衛隊では、正門から堂々と出たとしても、外出許可証などを持っていない限り「脱柵」（脱走）扱いだ。また「脱柵」は、二〇日以上経っても原隊に戻らなければ自動的に懲戒免職。つまり自衛隊は、この隊内の規則を理由にしてきたわけだ。

しかし孝夫君は、何度も退職を申し出たのに退職を拒まれた。一度は部隊に帰って、正式に退職を申し出たにもかかわらずだ。この場合、しかも「うつ状態」にまで追いこまれた孝夫君としては、脱柵以外に退職の手段はない。しかし自衛隊は、執拗に原隊への帰隊を要求するだけで、退職手続きには応じなかった。この状況の中で陽子さんは、ホットラインへの相談を寄せてきたのだ。

ホットラインは、この陽子さんの相談に対して、「すぐに精神科ないし心療内科に受診に行き、『うつ状態』の診断書を貰ってください。それを部隊に配達証明付で郵送してください。そして、上官の暴力によるいじめが原因でうつ状態になったこと、無断外出もこれが原因だとして自衛隊と交渉してください。退職を申し出る場合も、帰省したままでも可能ですから、その診断書に同封して『依願退職願』を送って下さい」とアドバイスした。

陽子さんは、すぐに孝夫君を近くの病院に連れて行き、診断書を貰い、退職願と一緒に自衛隊に郵送した。これに対して、「部隊へ帰隊しない限り退職手続きは行わない」と退職を引き延ばしていた自衛隊は、いやいやながらこの年の暮れに退職手続きを行うことになった。

この中山孝夫君の場合、本来なら退職ではなく上官の暴力行為を問題にすべきだ。だが、ホットラインとして彼の退職手続きを優先したのは、本人が退職を強く望んでいたからだ。しかも孝夫君は、実家でも「隊の人の顔も見たくない」とひきこもりがちになり、うつ状態が急激に進んでいた。家族の判断でも、筆者の判断でも、このままでは「自殺」の可能性も考えられるところまで、状態は切迫していたのである。

自殺の原因を作り出すのは誰か?

冒頭に、この中山孝夫君のケースを取り上げた意味は、お分かりだろう。これは、現在の自衛隊の自殺問題の典型的ケースだ。つまり、上官による執拗で不当な退職の制限・拒否である(特に実質上、退職権限を有する部隊長など)。人権ホットラインへの相談には、上官による退職の強要も少なからずある。だが、もっとも多く寄せられる相談は、この不当な退職の拒否・制限だ。この場合、陸海空士の一般隊員ばかりでなく、自衛隊の中堅にあたる陸海空曹や幹部自衛官からの相談もかなり多くなっている。とりわけ曹や幹部の立場にいる人は、その立場上、すさまじいまでに退職を慰留・拒否されている。

なるほど自衛隊には、「退職制限」の規定がある。「隊員が退職することを申し出た場合において、これを承認することが自衛隊の任務の遂行に著しい支障を及ぼすと認めるときは……退職を承認しないことができる」(自衛隊法第四〇条)。また、陸海空士の隊員は、入隊当初に「任用期間中にはみだりに退職しない」とする「誓約書」(自衛隊法施行規則第五九条)を書かされてはいる。

つまり自衛隊は、「任務遂行中」ということを口実にして、退職を拒否しようとするのである。しかし、この「任務遂行中」という規定は、通常の訓練や演習ではないことは明らかだ。これについての定めは、自衛隊法およびその諸規則には見当たらない。だが、陸士長等の任用期間を「防衛出動の場合、一年以内」、「その他の場合、六月以内」（自衛隊法第三六条五項）に延長できるという規定からすると、この意味は防衛出動や治安出動、災害派遣の主任務をいうことは明らかだ。結局、このような主任務の「任務遂行中の退職制限」という規定を拡大して、むやみに退職を慰留し、拒否しているのだ。

本来、一般社会の企業などと同様、自衛隊の場合でも一カ月前に退職を申請すれば、自由に退職することは可能なはずだ。なぜなら、自衛官は身分上は国家公務員（特別職）であり、採用・退職は、隊員と国との民事上の契約で成り立っているからだ。

だが、隊内の現場では、この「任務遂行中」は建前にすぎない。実際は、任用期間中の一般隊員が途中で退職すれば、部隊長などの管理能力が問われるからだ。ましてや、曹・幹部の「職業軍人」たちが退職したりすれば、一層その管理能力が疑われる、ということになる。結局、隊員たちに対する不当な退職の制限は、自衛隊の官僚主義、役人根性がもたらしたものと言えるのだ。

問題は、この役人根性の中での無意味な退職の制限が、隊員たちをうつ状態や自殺にまで追いこんでいることだ。中山孝夫君のケースもそうだが、ホットラインにはせっぱつまって退職願を出しても数カ月、半年経っても受付さえしない、という相談が多数寄せられている。「もう、死にたい」という悲痛な叫びも、数多く届いている。

大いに疑問なのは、この隊員たちの悲痛な叫びを、直属の上司も部隊長などもまったく聞きとろうとしないことだ。なんということか。彼らは、隊員たちが自殺にでも追いこまれない限り、その声を聞きとることができないのか？

深刻化する自殺の増大

様々なメディアでも報じられているが、ここ数年、自衛官の自殺問題が深刻化している。しかもこの二〜三年、それはより危機的になっている。自衛隊もまったく対策を講じていないわけではない。それどころか、「ホットライン」設置などの様々な対策を打ち出している。

二〇〇四年度の自衛官の自殺者は、過去最高の九四人となった。〇二年、〇三年に次ぐ高水準の自殺が、ここにきて一段と広がり始めている。

一九九五年からの一〇年間では、自衛隊全体での自殺者は六七三人を数える。年間では、おおよそ七〇人弱という、かつてない水準である。これを年度別に見ると、九八年七五人、九九年六二人、〇〇年七三人、〇一年五九人、〇二年七八人、〇三年七五人、そして〇四年九四人である(情報公開法で開示された数字)。特にこの三年間を見ると、七〇人代後半の水準に張りついていることが分かる。

二〇〇四年度の自殺者を陸海空別に比較すると、陸上自衛隊が六四人(前年度比一六人増)、海上自衛隊が一六人(同一人減)、航空自衛隊が一四人(同四人増)である。陸上自衛隊では、東北方面隊(同九人増)と機関(同六人増)、長官直轄部隊(同四人増)で増加が目立つ。

これを年齢別で見ると、二五~二九歳がもっとも多く一八人、三〇~三四歳が一一人、三五~三九歳と四五~四九歳が各一五人である。

ところで、この自衛官の自殺率(十万人当たりの自殺者数)を一般国民の自殺率と比較すると、自衛官の場合、約三九・四人で、一般国民の約二七・〇人(〇三年警察庁調べ)を大きく上回っている。しかも自衛官の自殺者は、六〇歳代以上の高齢者が多い一般国民の場合と違い、二〇代後半の青年層に広がっているという特徴がある。

いうまでもなく自衛隊は、若年層中心の組織である。ほとんどの隊員の定年も五〇代半ばであるから、本来、自殺者は一般国民の場合と比較にならないくらい少なくなるはずだ。しかも、現在の新自由主義経済下の、リストラ・失業・倒産にさらされている一般国民の自殺の増大と異なり、自衛官の場合、身分も給与も安定している。にもかかわらず、自衛官の自殺はなぜ広がっているのか。

この原因を探るために、自衛官の自殺者の内訳を具体的に検討しよう。情報開示された防衛庁の統計では、以下のとおりになっている（「過去五年間における自衛官自殺者数［原因別］」『自衛隊のイラク派兵』社会批評社刊所収）。

「病苦」二二人、「借財」二四人、「家庭」六人、「職務」一〇人、「その他・不明」三六人、計七八人（〇二年度を参考）。

この数字を見て驚くのは、半数近くが「その他・不明」となっていることだ。ここ五年間を見ても、「病苦」「借財」などの数にはそれほど変化は見られない。しかし、年度によっては「その他・不明」が、過半数を占めている年もある（九八年・〇一年）。「その他・不明」というのはどういうことなのか。防衛庁・自衛隊は、隊員の自殺の原因さえも隠蔽しようというのか。防衛庁は、次のように釈明している。

「正直申し上げて、この自殺が減りません。……原因は何だということですが、病苦、借財、職務、家庭、その他不明と、こういうことになっていまして、このその他不明のところが多い。その他不明になりますと、かなりプライバシーに関するところなので、その他不明だということで今まで処理しておったわけですが、それでは駄目なので、このその他不明とは何なのだということをきちんと確認する必要があります。原因の除去の原因が何なのかということは、いまだ今の時点では特定ができておりません。したがいまして、除去するという段階に至っておりません（以下略）」（〇三年六月一〇日、参議院外交防衛委員会での石破茂防衛庁長官答弁）

防衛庁・自衛隊の最高責任者のこの国会答弁内容が、ただいま現在の自衛隊の何ともあきれた姿をさらけ出している。「その他・不明」について、防衛庁・自衛隊でもまったく原因を特定できないと自ら認めているのだ。つまり隊員の自殺の原因、その増大の要因を全然掴めていないということだ。この状況が現在の自衛官自殺問題の、もっとも深刻な点だと言わねばならない。

メンタルヘルス対策の欠陥

防衛庁は、深刻化する自衛官の自殺に関して、ようやく二〇〇〇年から「メンタルヘルスに関する検討会」を設置して対策に乗り出した。そして、この予防策として、部隊にカウンセラーを呼んで「悩み相談所」を作ったり、外部の機関に委託して隊員向けの「ホットライン」も設置している。だが、このような様々な対策にもかかわらず、自殺者は増大の一途を辿るばかりであり、「原因も特定できず、決め手となる対策もない」（防衛庁人事教育局）というわけだ。

とりわけ問題なのは、部隊内に設置された「カウンセラー制度」も「ホットライン」も、隊員の間にはまったくの不人気であるということだ。というのは、隊員たちがこのカウンセラーなどに相談した途端、その相談内容が所属部隊の上司に筒抜けになってしまっている。いわば、隊員たちは深刻な悩みを相談しに行った途端、その悩みの解決以前に突然の「人事再配置」が行われる可能性があるわけである。あるいは隊員たちからは、外部（民間人）のカウンセラーは、自衛隊の特殊な環境についてまったく理解できない、だから相談しても頼りにならない、という声も数多くある。

一方、このような内部・外部のカウンセラー制度などの導入とともに、部隊内では自殺予防のための隊員の服務指導も強化している。指揮官などの服務指導の水準を高める教育や「メンタルヘルス月間」の設定などだ。しかしその効果も表れるどころか、自殺者は増える一方である。

この防衛庁・自衛隊の無為無策とも言うべき状況に対して、内部からの不満も上がっている。ここに現場の隊員の声を取り上げてみよう（辻本義晴二等空尉「メンタルヘルスケアの問題点

――その現状と改善のための具体的方策」『鵬友』〇五年一月号、空自幹部学校幹部会発行)。

これは、「平成一五年度航空教育集団幹部論文」の中の「優秀論文」として選ばれたものだ。

この論文で辻本二尉は、「平成四年四月から平成一六年三月までの一二年間で、自殺でなくなった航空自衛隊の隊員は一一九人である。その自殺の動機は、『借財』、『家族の悩み』、『適応障害』や『経済的問題』と多種多様であり、その他、動機が解明されなかった事例も多い。また、興味深いことに二〇代と四〇代の隊員に自殺の比率が偏っているのも特徴である」と、航空自衛隊の自殺のデータを示しながら、その部隊内での対策の問題点について指摘する。

「服務関係などで配付される資料は、自殺発生件数の概要が年度、年齢、原因等に区別、数値化あるいはグラフ化されており、概要が分かりやすいものになっているが、その細部については、全く不明確のまま尻切れトンボのようになっている。

……いったいどれだけの人が、これらの情報を、自殺予防に活用しているのであろうか。……部下隊員と直接接する現場指揮官にとっては、実は自殺防止の『遠因』資料に他ならず、自殺の『近因』すなわち『原因』となった最も大事な背景や兆候などはものの見事に黙された資料なのである。そんな重要なものが黙された資料から、指揮官等は、何に注意して隊員の身上把握を実施すべきなのであろうか。自殺の引き金となった原因や心理は深いところにある。……

その結果、自殺防止には身上把握の徹底とか個人面接の実施が効果的という単純方程式を形成してしまうのである」

驚くべきことに、これだけ隊員の自殺が深刻化しても、部隊内でもマスコミ発表とたいして変わらない内容のものしか公開されていないということだ。これでは、辻本二尉がいうように何らの対策も取りようがない。しかもその対策たるや、従来のような「身上把握」「個人面接」という形式的な服務指導だけなのだ。

「防衛庁・人事関係施策等検討会議」などでは、現場の幹部から意見を聞くとして、自殺増加の原因がこの十数年の「営内の個室化」（実際は四〜五人部屋）にあるから、これを以前の「大部屋」に戻せばよいとする意見が出るというとんでもない状況だ。つまり、営内での隊員の「個室化」は、個人主義傾向を助長しているとして、大部屋に戻せばおのずと隊員たちの団結力などが高まるとするものである。自殺の原因や増大とまったく関係ないどころか、有害でさえある、こういうトンチンカンな議論が大真面目に議論されているところに、現在の自衛隊の深刻さがあるのだ。

それだけではない。陸上自衛隊は、二〇〇〇年から「輝号計画」と銘うって営内隊員の外出制限などを撤廃し、自由化した。これ以後、陸士でも勤務時間が終了すれば特別な勤務に就いていない限り、営外者と同じく自宅などに帰れるようになった。つまり、陸士も「通勤者」と同様になったのだ。だが、二〇〇六年四月から陸上自衛隊は（以下、「陸自」と略す）、全国的にこれを取りやめる方針を打ち出している。この方針は、単に「輝号計画」の取りやめだけではない。外出制限が復活しただけでなく、独身陸曹なども「原則として営内居住」にしようとしている。

ここで行われているのは、営内生活・規律の引き締めということだ。しかし、自殺や服務事故の増加などが、このような施策で解決できると思っているのなら、これはまさしく転倒しているとしか言いようがない。このような営内環境を旧態依然の状態に戻す施策は、必然的に自殺や服務事故を増加させていくだろう。

陸自の監察アンケートによると、隊員の約一六％が自殺について考えたことがあるとの回答が出ている（〇三年一一月一三日付『朝雲』）。陸自約一五万人の中の一六％とは、異常とも言うべき数字だ。この自衛官の自殺の本当の原因を突きとめない限り、問題は一ミリたりとも前進しない。

ストレスフル化する自衛隊

陸自の幹部が論文を発表する、『陸戦研究』という月刊雑誌がある。この発行主体である

「陸戦学会」は、一応、民間団体の形式を取っているが、実際は部内の制服組幹部のための研究誌である。

この雑誌の中で、富士学校普通科部副部長の高峯秀之一佐は、「今、第一線で起こっていること――ストレスフルな戦場」(〇六年三月号)と題して、ここ数年の自衛隊の環境の変化について小論文を発表している。

「『第一線(普通科・歩兵)の部隊・隊員、そして、それらを取り巻く環境でいろいろなことが起こっている。』というのが、普通科のメッカ富士学校普通科部で勤務する私の最近の感想である。冷戦の一九七〇~八〇年代、部隊で鍛えられた私の経験では、当時の一〇年分の変化が今の月単位に相当するように感じている」

まず、冒頭にこのように述べたあと、高峯はその環境変化の最大要因を、冷戦時代は北海道で「対着上陸作戦対処一本」の訓練であったが、今は多様な役割に対応しなければならなくなった、その内容は「市街地や森林錯雑地で戦う事態を考えなければならない」し、この市街地での作戦が普通科の隊員たちに大きな影響を及ぼしているとしている。

高峯は、その普通科・歩兵の行動への具体的影響として、第一に市街地戦闘での訓練環境、すなわち、入り組んだ建物内部での戦闘行動のため、数名で密着した体型、全周に対する射撃できる態勢、友軍相撃を避けるための厳しいガンハンドリング(銃操作)が要求されるという。

また、狭い室内での行動のための「左右両方での照準」操作も必要とされるという。

第二に従来の訓練では、歩兵戦の交戦距離は三〇〇メートル前後であったが、市街戦、特に建物内部の戦闘では、これが数メートル～一〇メートル前後となり、「敵の顔が見えて撃つことは大きな精神的ストレス」であり、この距離での射撃では、「ある種の冷徹さ、残忍性が必要」という。

そしてこの交戦距離は、第三に敵よりも早く撃つという射撃のスピードが要求される一方、接近戦での戦闘は、小銃弾（五・五六ミリ）が人体を貫通し直ちに即死しないので、反撃を封じるためのトドメの射撃が要求されるという。第四に住民が混在する市街地では、むやみに射撃できないというストレスが生じるという。

つまり高峯は、この最近の陸自の市街地戦闘の強化が「精神的心理的に隊員に負担」をかけ、「異常な戦場心理状態」を生みやすくしているとしている。

ここに高峯があげる、この数年の陸自の市街地戦闘の強化については後述する。ここでは、高峯がいうような陸自の訓練の大きな変化が、隊員たちに多大なストレスを与えていることを見ておくべきだ。だが、問題はこのような訓練環境の大きな変化だけが、隊員の自殺を深刻化しているのではないということだ。

いじめ・暴力が横行する営内

自衛官の自殺について、とりわけ「その他・不明」と発表されているものについて、自衛隊は本当に事実を把握していないのか。筆者は、これについては大いに疑問を持つ。というのは、これらの自殺事件について被害者の周辺を綿密に調査すれば、その全容の掌握はそれほど困難ではない。問題は現場の部隊、あるいは自衛隊の上級部隊などが、責任逃れのために隠蔽工作に走っているのではないかということだ。

ここで自衛官の自殺事件が、裁判にまで発展した二つの事件を検討してみよう。

一つは、一九九九年、海上自衛隊第二護衛隊群（佐世保所属）の護衛艦「さわぎり」乗組員の三等海曹（二一歳）が、同艦の演習航海中に艦内で首をつって自殺した事件である。この事件について、三等海曹の遺族はこう述べている。

「自殺の原因は艦内のいじめである。息子は、艦内ではいじめや賭け事が日常茶飯事で、自分もそれに遭っていたと言っていた。また、飲めない酒を強制され、宮崎出身だから『おまえは〝百年の孤独〟の調達係だ』と強要された。心配した両親が息子の上官に、この有名な焼酎

を四本差し入れたという」(『東京新聞』〇二年七月二一付)

また、「いじめで悩んでいたのは私たちですら知っていたのに、自衛隊は私たちの訴えを無視した。息子の悪口を書き連ねた、とても悲しい内容の調査報告書をマスコミに配って『いじめはなかった』と言い放ったんです。優しくて、間違ったことが嫌いで。日本を守りたい、と素直な思いを抱いていた息子を……」(同紙)とも述べている。

自衛隊は、裁判においてもこの三等海曹の自殺の原因となったいじめを、一貫して否定している。そして遺族は、一審では敗訴したが現在も控訴審で三等海曹の死の真相を突きとめるまで争うとしている。

もう一つの事件は、二〇〇四年一〇月、海上自衛隊横須賀所属の護衛艦「たちかぜ」で発生した一等海士(二一歳)の自殺事件だ。この事件は、一等海士が同艦の二等海曹から「指導」と称して殴る蹴るの暴行を加えられ、正座させられた状態で至近距離からエアガンで撃たれたりするなど、執拗ないじめを受け、都内で電車に飛び込み自殺したものだ。海士が残した遺書には、この海曹を名指しで「お前だけは絶対に許さない」と書かれていたという。

この事件は、遺族が息子は上官のいじめなどが理由で自殺したとして、自衛隊と海曹を相手取って提訴している(〇六年四月)。

ところで、この海上自衛隊(以下、「海自」と略す)横須賀自殺事件の特徴は、いじめの加害者の二等海曹（三四歳）が、暴行罪などで逮捕され、起訴されたことだ。そしてこの海曹は、〇五年一月、懲役二年六月（執行猶予）の有罪判決を受けた。

さて、先の「さわぎり」の事件と異なり、この「たちかぜ」の事件では艦内でのいじめなどの事実が公にされている。とりわけ「たちかぜ」の刑事事件では、裁判所でもこのいじめなどが認定されるという、稀にみる出来事となった。これは、このいじめ・暴行の程度が単に極端であったということではない。この海曹が自殺した海士以外にも、多数の隊員にいじめ・暴行を繰り返していただけでなく、悪質な恐喝も行っていたからだ。つまりこの海曹が、上官の立場を利用して艦内で恐るべき横暴を繰り返していたことが判明したからだ。

このような事態の中で、防衛庁では一連の事件の全容を海自幕僚監部から報告させている。自衛官の自殺事件のほぼ全容が判明した、珍しいケースであるので、少し長くなるが引用する（「防衛庁・人事関係施策等検討会議議事録」防衛庁ホームページ）。

「調査結果の概要について申し上げますが、本事案は、平成一五年一〇月、平成一六年一月、同年四月から一〇月頃にかけて、護衛艦たちかぜにおける暴行、私的制裁、恐喝及び規律の乱れがあったものでございます。A海曹、B海士及び被害者の関係については、一般的に護衛艦は、一分隊から四分隊で編成されておりまして、各分隊ごとに、服務指導士官がおります。事故が起きたのは、第二分隊であり、今回加害者であったA海曹は、二二班に所属しています。B海士も同じ班でございます。被害者は全て二分隊の所属です。A海曹の私的制裁等についてでございますが、平成一六年六月、後輩隊員にパンチパーマを強要し、従わなかったことを理由に、艦内において市販のガス銃によって市販のBB弾を身体に向け発射。平成一六年五月には、艦内で作業中の後輩隊員に対し、特段の理由もなく市販の電動ガンで、BB弾を数発発射し、命中させたものでございます。平成一五年一〇月には、艦内で作業の手際が悪かったことを理由に、平手で顔面、首筋を叩き、押し倒した上、腹部を蹴るという事案がありました。このほかにも、六人の隊員に対する私的制裁等の供述が得られましたが、詳細な事実の特定には至っておりません。（略）

次に、A海曹による恐喝ですが、平成一六年一月の夜、艦内の通信室と呼ばれる部屋において内側からドアに鍵をかけて本人所有のCD－R七〇枚の購入を強要し、翌日その代金一五万円を受領したということです。このほか隊員二名に対する恐喝の供述が得られましたけれども細部日時等の詳細な事実の特定にはいたっておりません。

また、B海士による私的制裁等でございますが、平成一六年六月から七月頃にかけて艦内で職務の指導中教えたことができなかったとして身体に向けガス銃を発射し、夏頃には憂さ晴らしに二〇回から三〇回平手で頭部等を殴るということをしております。また同年九月、艦内において自習中の隊員に対しガス銃でBB弾を数発発射しております。このほか平成一六年六月から七月にかけて他の隊員に対する私的制裁にかかわる供述が得られましたけれども事実の特定にはいたっておりません。

また、本事案と隊員の自殺の関係につきましても、事実関係の調査の際に面接調査をしましたところ、自殺した隊員は私的制裁等及び恐喝の被害者であったという供述は得られましたが、当該私的制裁等が自殺に関連しているという供述は得られませんでした。

次に、A海曹及びB海士は市販のガス銃及び電動ガンを隠匿して艦内に持ち込んでおります。これらは規則で持込が制限されている日用品以外の私物であり、規則に違反するとともに、かかる持込により私的制裁等を発生させることとなりました。

さらに平成一六年夏頃からA海曹は停泊中の在艦日に、A海曹及びB海士所有のガス銃を使用し、個人対個人あるいはチームを組んでお互いに打ち《ママ》合い勝ち残りを競うサバイバルゲームを二〇時から二二時ごろまでの間に実施していたことが確認されております。艦内においては、囲碁・将棋等の艦長が許可した遊戯は認められておりますがサバイバルゲームに関しては、その対象にはなっておりません。A海曹以外の参加隊員は、A海曹の強圧的な誘いを断れず半ば強制的に参加させられていた状況であります。いずれも上司の目に付きにくい時間帯等に実施されておりました」


海自の第一線部隊において、このいじめ・暴行・恐喝事件を隠蔽することができなかったのは、この二等海曹の「私的制裁」「恐喝」が自殺した海士だけでなく、多数の隊員にも加えられていたからだ。言い換えれば、自殺事件をきっかけにして多数の隊員たちが、この海曹の恐るべき艦内での横暴を「告発」したと言えよう。

だが問題は、これほどの規模の、長期間の狭い艦内での海曹の横暴を、艦長をはじめとしたその他の海曹・幹部は、まったく気づかなかったのかということだ。隊内生活を少しでも経験しているものなら、この一連の出来事を他の上官たちが気づかないというのは考えられない。つまり上官たちは、ほとんどがこの出来事を承知していたということだ。では承知していたにもかかわらず、なぜこのような事件が起きているのか。

この理由は、いうまでもなく自衛隊の「営内」にあることは明らかだ。いわゆる「私的制裁」は、旧軍はもとより、自衛隊内でも禁止されている。だが、実際「私的制裁」は、よほどのケガでも負わない限り「黙認」されているのが現状である。

筆者は、自衛隊が旧軍（天皇制軍隊）よりもっとも継続している「伝統」が、「営内」（兵営）にあることを、たびたび指摘してきた。この自衛隊の営内生活には、隊員の人権がほとんど考慮されていない。いわば自衛官の営内生活は、「日本国憲法の適用外」に置かれている（『自衛隊のイラク派兵』社会批評社刊参照）。

この営内では、隊員の人権が省みられないばかりか、旧軍と同様の「私的制裁」も横行する。隊内のいじめ・暴行などは、日常茶飯事の出来事であり、上官の立場に立つ者たちもそれらの出来事に慣れてしまっているのだ。

さて大事なのは、この二つの明るみに出た事件から知り得るのは、自衛官の自殺が隊内でのいじめ・暴行に関係していることだ。防衛庁で「その他・不明」とされてきた自殺の相当の部分は、このいじめ・暴行に関連していることは疑いない。言い換えれば、これらの自殺事件の相当の部分がいじめ・暴行に関連しているからこそ、現場部隊での原因の究明がなされないことになる。いじめ・暴行の結果による自殺事件の発生となれば、当然、責任は指揮監督者にも及ぶことになる。この責任回避の結果が、自殺事件の真相の隠蔽につながっているのだ。

もう一つ大事なことがある。自衛隊では、これらの自殺事件の初期の処理（捜査）をその当事者の所属部隊長の権限に委ねていることである。自殺事件を「民事」の問題として、その処理・解決を部隊長の指揮・監督の権限にしているのだ。だがこれらの自殺事件は、「民事」の問題ではない。自殺事件が暴行（あるいは殺人）を含んでいることもありうるとするなら、その処理・解決は、自衛隊警務隊による「刑事」事件である（もちろん、これは自衛隊警務隊がしっかり捜査すればの話である）。

つまり、これまでの自衛官自殺事件を「民事」問題として処理している自衛隊の根本的あり方こそが、自殺事件の隠蔽体質を作り出していると言えるのだ（一般社会での自殺事件の場合、その最初の処理・捜査は警察の仕事である。しかし自衛隊では、この自殺事件についての初期の処理・捜査を警務隊に負わせていない）。

大再編の中でのストレス

自衛官の自殺事件について、ある程度その原因が推定されるもう一つの事件がある。これは、陸自西部方面普通科連隊で、連続して発生した自殺事件だ。

二〇〇二年五月二〇日、同隊所属の一等陸曹（四八歳）が、鹿児島の自宅近くで自殺した。また、六日後の五月二六日には、同隊所属の三等陸曹（三三歳）が、宮崎県の自宅で首をつって自殺した。さらに同年七月八日には、同隊所属の三等陸曹（三一歳）が、同連隊の駐屯する屋外射場で首をつって自殺しているのが発見された。

これらの一連の自殺事件は、当時、マスコミで話題になるとともに国会でも取り上げられた。なぜなら、この連続した自殺事件は、同年三月末に発足したばかりの西部方面普通科連隊内で発生したからだ。

この連隊は、自衛隊始まって以来の特殊部隊だ。それも「武装ゲリラ・特殊部隊の急襲」に備えた九州・沖縄の島嶼専門部隊として、隊員の中に相当数のレンジャー要員を配置した、いわばエリート部隊としてスタートしたばかりであった。

この連続した自殺事件の特徴は、このうちの二人が「単身赴任」で帰省中に自殺したことである。もう一つの特徴は、西部方面普通科連隊は、全国からレンジャー隊員などの有能な隊員をかき集めて作られた「特殊部隊」、つまり、厳しい市街地戦闘などの訓練を課せられた部隊であったということである。

この中で推測されるのは、すでに述べてきた市街地戦闘などの訓練の大きな変化と、その新しい任務のための全国にわたる部隊の再編（隊員の転勤・異動・単身赴任）が、自衛官の自殺に大きな影響を与えていることが分かる。

一九九〇年代の終わりに、急激に開始された自衛隊の戦後最大の大再編は、この西部方面普通科連隊をはじめ、全国に広がっている。師団の旅団への改編、混成団・ミサイル部隊の増設などだ。そして二〇〇四年末の新防衛計画の大綱では、この再編がさらに大きく加速されている。この新大綱では、戦車・火砲部隊、多目的誘導弾部隊などが大幅に削減され、それらの部隊の人員の約三割が削減されようとしている。他方ではこれらの削減された人員は、普通科部隊の充足率アップや中央即応集団の新編などに割り当てられようとしている。

つまり、冷戦型の部隊編成から、市街地戦闘型の部隊編成（対テロ・ゲリラ・コマンドウ）へと、大きな再編が始まっているのだ。そしてこれに合わせて、自衛官たちも全国的異動（転勤）がなされるとともに、経験したことのない新しい職種（特技）・訓練への対応が迫られているのだ。

この転勤（特に単身赴任）や新職種への配置、それに「ストレスフルな戦闘訓練」などが、隊員のすべてに大きなストレスを与えていることは明らかだ。特に、中堅の曹・幹部以上の隊員にもそれらが広がっていると言えよう。これらの出来事は、いうまでもなく隊内でいじめ・暴力の増大につながる。いわば、中堅の曹・幹部隊員たちのストレスの増大が、そのもっとも弱い立場にある一般隊員に向けられるということだ。いじめなどの暴力が、一般にもっとも弱い立場の者に向けられるのは、いかなる社会でも共通する。

問題なのは、従来から隊内で温存されていた「私的制裁」が、このストレスの広がりの中で、陰湿ないじめに転化していることだ。これは、すでに述べてきた「退職の慰留・拒否・制限」についても言える。それらが度を超せば、これは陰湿ないじめと同じだ。だから、このいじめ同様の退職の拒否・制限の中で、多くの自殺が生じていることも疑いない。

もう一つ、自衛官のストレスを高じさせているのが、自衛隊の海外出動の激化である。ＰＫＯからインド洋、イラクへと常時、数千人の隊員が海外出動を余儀なくされている。例えば、〇五年一一月に、インド洋へ出航した海自の補給艦「ときわ」は、〇一年以来、海外出動は六度目である。乗組員一三〇人のうち、六〇人以上が二度目の出動、中には五度目の出動という隊員さえいるのである。

「ときわ」は、例外ではない。海自の護衛艦なども、終わりのない「対テロ戦争」の長期化の中で、何度も出動を繰り返している。また、空自の輸送隊所属の隊員たちも、イラクをはじめとして海外出動の繰り返しを余儀なくされている。

二〇〇六年三月一〇日付『朝日新聞』は、イラクから帰国した「幹部隊員」三人の自殺事件を報じている。これによると、このうちの一人はイラク派遣部隊元警備中隊長（三〇歳代の三佐）で、〇五年夏、車に練炭を持ちこみ一酸化炭素中毒で自殺したという。この元警備中隊長は、〇五年の日米共同演習中に「彼ら（米兵）と一緒にいると殺されてしまう」と騒ぎ出したこともあったという。というのはこの中隊長は、イラクでたびたび宿営地でのロケット弾攻撃を受けていたほか、市街地を移動中、部下が米兵から誤射されそうになったこともあったという。

同紙では、イラク派遣隊員の中で自殺未遂で入院したり、不眠症で職場復帰できなかったケースも多く報告されていると報じている。また、帰国隊員を抱えるある師団では、数十人が同様の症状を訴え、二人が職場復帰できていないという。

このイラク派遣隊員のケースは、いわゆるＰＴＳＤ（心的外傷後ストレス障害）である。自衛隊の海外出動が常態化するなか、おそらくこのようなＰＴＳＤも増加していくだろう。しかし、それ以前にこのような海外出動の強化が、隊内にストレスを拡大させ、自殺者を増大させていくことも明らかだ。

自衛官の犯罪の広がり

ストレス化した自衛隊の中で深刻化しているのは、自殺事件ばかりではない。自衛官たちの犯罪の広がりも、一層際だっている。まずここでは、最近メディアを賑わせた海自の薬物汚染事件を取り上げてみよう。

この事件は、〇五年七月末から九月末にかけて、海自第二潜水隊群（横須賀基地所属）の潜水艦「おやしお」など五隻の乗組員七人が、薬物使用で逮捕された事件である。これらの隊員は、大麻や合成麻薬ＭＤＭＡなどの薬物使用で、神奈川県警に逮捕され起訴された。この事件は、汚染ルートが潜水艦乗組員の内部に広範に、次から次へと広がっていったことが衝撃を与えることとなった。

問題なのは、これらの薬物汚染が自衛隊内の調査ではまったく発見されず、警察の捜索で見つかったことだ。隊員たちは、隊内のロッカーや冷蔵庫などに大麻を隠し持ち、営内で大麻を吸っていたという。

なぜこれらの薬物事件が、潜水艦乗組員の間に広がることになったのか。いうまでもなく、海自の潜水艦乗組員は、少数精鋭の部隊だ。このような部隊に、薬物使用がはびこっていることが一般にも衝撃を与えたのだ。

警察の取り調べによると、大半の隊員が先輩や同僚から誘われ「酒や食事がうまくなる」「興味本位」と供述したという。また、「艦内には常に上司や同僚がいて、ストレスを感じた」「離婚して寂しかった」という隊員もいたという。

さて、この薬物事件でこの時期に逮捕された海自の隊員は一〇人に上るが、これは海自だけでなく航空自衛隊（以下、「空自」と略す）にも広がっていることが分かった。いわば、薬物の使用が全自衛隊に広がっていたのだ（海自では、〇一年にも横須賀通信隊員らが勤務時に複数で覚せい剤を使用したことが発覚している）。

この中で防衛庁・自衛隊は、この隊員間に広がる薬物事件対策を強化している。〇二年六月からは、防衛庁事務次官通達で入隊時の尿検査など薬物チェックを導入し、この海自薬物事件の後には、入隊後の定期的な抜き打ちの尿検査も決定している。しかし、このような対策だけで薬物事件などが解決されるとは思えない。問題の根はもっと深いのだ。

この広がる薬物事件とともに、今現在、自衛隊でもう一つ深刻化しているのが隊員の犯罪、それも幹部の犯罪である。

○四年には、陸自第一三旅団長（広島県海田町）が暴行事件で逮捕された。報道によると、この旅団長は同駐屯地の部下など四人に対して、殴る蹴るなどの暴行を一年前から加えていたという。旅団長といえば師団長と同格、いわば、自衛隊実戦部隊の最高指揮官である。このような立場にある者が、部下隊員に暴力を振るい続けていたというのである。

○四年三月には、陸自古賀駐屯地（茨城県）の二等陸佐が妻を日本刀で刺したという殺人未遂事件も発生した。この幹部自衛官の犯罪、そして中堅の曹隊員の犯罪も広がっている。連日のようにマスコミでは、このような自衛官の事件が報道されている。

自衛隊内では、こうした犯罪ばかりだけでなく服務違反事件や規律違反事件も増加している。年間では、約二四万人の隊員の中で、毎年千数百人の隊員が懲戒処分を受けている（「自衛官懲戒処分件数」「自衛官陸海空別違反態様別懲戒処分件数」『自衛隊のイラク派兵』所収）。

先に紹介した、空自幹部学校幹部会発行『鵬友』（○三年五月号）の「服務事故防止のための隊員指導の具体的方策」という論文の中で、森芳朗一等空尉は、「以前は、服務事故を起こす階級層というと若年の空曹や空士というイメージが強かったが、最近は階級に関係なく多様な服務事故が発生している。その中でも、海上自衛隊の秘密漏洩事件や沖縄における婦女暴行事件に代表されるように、本来指導する立場にある幹部自衛官による服務事故については、特に注目しなければならない特徴ではないだろうか」と、幹部自衛官の犯罪・服務事故について注意を喚起している。

だが、これらの原因の検討となると、森芳朗の分析はトンチンカンとしか言いようがない。森は、これらの要因について自衛隊における過保護とも言える指導、「何か問題を起こしても自衛隊が面倒をみてくれる、といったような甘えが隊員の潜在意識の中にはびこっており、……このような組織の体質が、現在のような服務事故の発生に影響を及ぼしている」というのだ。

自衛隊内の「過保護」の指導、面倒見のいい環境などが犯罪や服務事故を引きおこしているとすれば、その解決は簡単だ。単に規律を強化すればよい。しかし、問題はそう単純ではないことは、すでに自殺問題などを通じて見てきた。つまり自衛隊の訓練、任務、部隊の大きな変化、これを契機とする隊員間のストレス、そしてこのストレスが広がる隊内でのいじめ・暴力の陰湿化などが、服務事故や自殺を増大させているのである。

軍事オンブズマン制度の導入

ではいったい、これらの状況は改革されうるのか？　防衛庁によるメンタルヘルスや「ホットライン」の設置などが、まったく効果がないことはすでに指摘してきた。つまり、もはや防衛庁・自衛隊のどのような改革・改善も、ほとんどの意味をなさない段階に事態は至っているということだ。

このような中で、先に紹介した辻本義晴一等空尉は、「オンブズマン制度の導入」という提言をしている（『鵬友』〇五年一月号）。

「現在、自衛隊にはこのような制度はないが、このような第三者機関による調査というものはとても有効な方法と考える。なぜなら、年間数十人前後の隊員が自殺に至っている今日、現状の服務指導では個人面接一つを例にしても、本人と面接実施者間に信頼感がない限り、その不満や悩みを引き出すことは難しく、その時点で部下の顕在、あるいは潜在的問題を早期に発見することは非常に困難である。……オンブズマン制度のような第三者機関として、隊員や家族のメンタルヘルス調査やケア、その他の部隊に対する教育、助言などの活動を行わせる。これにより部隊では、実施が困難であった服務指導のブラックボックスを除去する」

辻本は、部内幹候出身（一般隊員の中から昇任する幹部候補生）の苦労人なのか、隊員の痛みや生じている隊内の深刻さが理解できるのだろう。辻本がいうように、「現状の服務指導で指揮官等が……できる解決方法は実質的に何もない」（同論文）のである。

ここでようやく自衛隊内からも、問題の解決に向けた提言が現れたと言えよう。いうならば、自衛隊の営内環境、「憲法適用外」の人権感覚、秘密主義を基調とする組織・訓練などの特殊な閉塞性、そしてはびこる官僚主義などが、一切の内側からの改革・改善を拒んでいるということだ。このような組織について、その根本的改革の方途があるとするなら、それは外部からのみである。

ところで、軍事オンブズマン制度とは、辻本がいうように、ヨーロッパ、特にドイツなどの北欧諸国で発達している制度であり、これは軍人やその家族からの相談を受けて調査し、国会に報告して解決を求める制度だ。この特徴は、オンブズマンは軍隊当局と独立して、いつでも、どこでも、予告なしに軍隊に立ち入り、軍隊のあらゆる問題を調査する権限を持つ機関である。つまりこの機関は、政府と独立した第三者で構成されているということだ。

もしも防衛庁・自衛隊が、この辻本の提言にあるような軍事オンブズマン制度を避けて通るようならば、自衛官の自殺問題ばかりか、自衛官の犯罪・事故は、極限にまで行きつくであろう。つまり、自衛隊の危機は、「隊員問題」として爆発するだろう。

第2章　対テロ・ゲリラ・コマンドウ作戦

陸自初の山間部対ゲリラ・コマンドウ訓練

国策映画『宣戦布告』

数年前（〇二年）に、『宣戦布告』という映画が上映され、話題を呼んだ。おそらく、読者の中でこの映画を観た人々は、日本映画では珍しく迫力のあるアクションものとして鑑賞されただろう。この映画は、同タイトルの『宣戦布告』（麻生幾著・講談社）というノンフィクション小説を映画化したものだ。

舞台は能登半島。一〇人前後の、北朝鮮軍の所属と思われる特殊部隊（コマンドウ）が上陸し、原発を攻撃しようとする。対する警察・機動隊は、このコマンドウの武装に太刀打ちできず、自衛隊の普通科連隊、そしてレンジャー部隊まで出動し、めでたく制圧する、というものだ。

この小説・映画の内容は、当時進行していた陸自の冷戦後の新任務を見事に描いている。おそらく自衛隊は、「年度防衛警備計画」の内容のほとんどを著者に閲覧させ、その筋書きで小説を書かせた（かつて「ソ連脅威論」の華やかなりしころの一九八〇年代、自衛隊は評論家などに極秘文書を閲覧させ、このような脅威論の作文を綴らせていた）。映画もまたその意図のもとに、「国策映画」として作られたことは間違いない。

自衛隊がこのようなことまでして、宣伝に努めるのには理由がある。これはいうまでもなく、冷戦後の「脅威の喪失」であり、「新脅威論」の宣伝・工作のためだ。この冷戦後の自衛隊の大きな変化について、この章以降で検討しよう。しかしこの大きな変化は、どのように自衛隊内で進行しているのか、その実態をその前に見てみよう。

改定された『野外令』

前章でも述べたが、現在、自衛隊は戦後最大の再編に突き進んでいる。とりわけ陸自は、戦車・特科などの人員の約三割を削減するという大幅な改編だ。その再編・改編の核心は、冷戦後の基本作戦の変更であり、「対着上陸作戦」から「対テロ・ゲリラ・コマンドウ作戦」への変更である。

この基本作戦の変更が、最初に公式の文書上で確認されたのは、二〇〇〇年一月の『野外令』（陸上幕僚監部発行）の改定だ。『野外令』とは、陸自の作戦・戦闘の基本教範であり、旧陸軍でいえば『作戦要務令』にあたる。

『野外令』は、「その目的は、教育訓練に一般的準拠を与えるものであり、その地位は、陸上自衛隊の全教範の基準となる最上位の教範である」。陸上幕僚監部発行の『野外令改正理由書』(二〇〇〇年九月)は、こう述べる。

また、『野外令改正理由書』は、その改定の理由について、「今後一〇年間における任務遂行環境の変化、特に『脅威の多様化及び質の変化』及び『新たな体制への移行』への的確な対応並びに旧令の『内在する問題点の解消』の必要性が生じたことによる」と説明する。ここでいう「脅威の多様化及び質の変化」とは、前防衛計画の大綱(九五年改定)の記述する冷戦後の新任務のことである(後述)。

そして、この「脅威の多様化及び質の変化」の中での『野外令』の改定について、以下のように述べる。

「旧令で主として対象としていた特定正面に対する強襲着上陸侵攻のほか、多数地点に対する分散奇襲着上陸侵攻、離島に対する侵攻、ゲリラ・コマンドウ単独攻撃及び航空機・ミサイル等による経空単独攻撃の多様な脅威への対応が必要になった」

この「離島への侵攻」などについては後述するが、『野外令』改定のもっとも大きな理由は、冷戦後の陸自の基本作戦、つまり、対ゲリラ・コマンドウ作戦という新任務の付与である。では、『野外令』は、対ゲリラ・コマンドウ作戦をどのように位置づけているのか。

まず、『野外令』は、「陸上防衛作戦」（第五編）の「ゲリラ・コマンドウ攻撃対処」の項で、「敵のゲリラ・コマンドウ単独攻撃においては、海上・航空自衛隊、米軍及び関係部外機関等と密接に連携して情報収集態勢を確立し、敵部隊を早期に発見し撃滅するとともに、被害を局限して事態の早期収拾を図る」として、海空自衛隊だけでなく「米軍」及び関係部外機関（主として警察）との作戦の連携を強調する。

そして、この作戦の特性として「長大な海岸線とそれに隣接する広域な山地で構成する国土は、敵ゲリラ・コマンドウ部隊の潜入が容易であり、敵の攻撃目標とする防衛等施設、発電所等の生活基盤施設、行政施設等は、広域に存在する」とし、広範囲の作戦地域を想定する。

特に、敵のゲリラ・コマンドウ部隊の特徴として、「高度の特殊訓練を受けたコマンドウ部隊と国内事情等に通じたゲリラ部隊が一体となり、小部隊単位で作戦する識別困難な部隊であり、あらゆる手段により潜入し、隠密・奇襲的に行動する」（以上、第五編第三章第五節「対ゲリラ・コマンドウ作戦」、以下同）としてその「隠密・奇襲性」を指摘する。

また、敵の部隊の撃滅には、状況に適応した効率的な戦闘力発揮のために柔軟な編成・装備とともに、部隊運用の有通性を保持することが重要といい、このために「小火器等を主体とした部隊の編成・運用、努めて早期のレンジャー部隊の編成及びその特性の発揮、空中機動力等の発揮」と、この作戦のための陸自の再編による、小部隊化の必要性を強調する。

このような作戦のために編成されるのが、陸自の師団・旅団などの「作戦区域担任部隊」による「監視警戒部隊」「警戒防護部隊」「捜索撃滅部隊」の三つの部隊編成だ。この部隊編成によって『野外令』は、その「作戦指導」の中で、「対処要領」を定めている。

第一は、「監視・警戒態勢の確立」である。「沿岸部においては、海上・航空部隊及び関係部外機関と連携した沿岸監視部隊を配置して、有機的な沿岸監視組織を構成し、早期に敵部隊の潜入の偵知を図る。内陸部においては、関係部外機関と連携した地域警戒部隊を配置して、検問所、巡察等の地域警戒組織を所要の地域に構成し、内陸部に浸透した敵部隊の偵知に努めるとともに、行動の抑制を図る」とする。

第二は、「重要施設等の警戒・防護」である。これは「警戒防護部隊を重要施設等に配置して、敵の行動を抑制する。敵の攻撃に際しては、捕捉・撃滅に努める。敵の撃滅が困難な場合は、敵部隊を拘束するか、又は接触を維持して捜索撃滅部隊の行動を容易にする」としている。

第三は、「敵部隊の撃滅」である。「監視・警戒部隊、重要施設等の警戒防護部隊の行動に連携して、控置した捜索撃滅部隊を迅速に集中し、通常、包囲・掃討により潜入した敵部隊を速やかに撃滅する。状況有利な場合は、海岸、河岸、崖等に圧迫する等により敵を撃滅する」とし、さらに「予備隊等の投入による包囲・掃討勢力の確保、レンジャー部隊の活用、迅速な機動力特に空中機動力の発揮」などに留意するとしている。

さて、ここで『野外令』の「対ゲリラ・コマンドウ作戦」の項目を詳細に見てきたのは、いうまでもなく、陸自の新作戦の対象とそのための再編成の内容を掴むためだ。この記述で明らかになっているとおり、その新作戦の対象は、「高度の特殊訓練を受けたコマンドウ部隊と国内事情等に通じたゲリラ部隊が一体」ということだ。

陸自によれば、コマンドウとは「特別に訓練されたエリート兵士達により編成された正規軍より、国家意志を強要するため特殊任務を遂行する暴力行為」（『陸戦研究』〇〇年一一月号）である。またゲリラとは、少人数の不正規軍による不正規戦と定義できる。

ここで『野外令』が想定する、ゲリラ・コマンドウとは何を対象としているのか。結論は明白だ。この対象は、北朝鮮の特殊部隊であり、それ以外の想定はされていない。

間接侵略事態対処?

この北朝鮮の特殊部隊が、新しい「脅威」として対象化されたのは、一九九七年の新ガイドライン（新日米防衛協力指針）である。ここでは、「自衛隊は、ゲリラ・コマンドウ攻撃等日本領域に軍事力を潜入させて行う不正規型の攻撃を極力早期に阻止し排除するための作戦を主体的に実施する」と明記している。

新ガイドラインによる、ゲリラ・コマンドウ作戦が提起されるに至った背景は、一九九四年の朝鮮危機であると言われている。この当時、北朝鮮の「核疑惑」をめぐって、日米は「経済制裁」を発動する直前にまでいくとともに、有事立法の検討に入った。すなわち、アメリカによる北朝鮮の核施設攻撃と北朝鮮の反撃、第二次朝鮮戦争の勃発という事態の中で、北朝鮮特殊部隊の日本の原発施設などへの攻撃を想定した、ということだ。

つまり、新『野外令』制定による対ゲリラ・コマンドウ作戦の決定は、日米共同作戦の一環として策定されたということだ。九七年の新ガイドライン、九九年の周辺事態法、そして〇三年の有事立法の制定という一連の流れは、これを裏付ける。また同時に、冷戦後の脅威の喪失という事態の中で、このアメリカの要求に便乗した、自衛隊の「新脅威論」の「創出」とも言えるのだ。

ところで、この『野外令』の想定する北朝鮮特殊部隊（コマンドウ）は、約一〇万人と言われる。確かに、この部隊は、かつて韓国にたびたび潜入するなどの行動を行ってきた。だが今や、北朝鮮と韓国との関係は、かの「太陽政策」の中で大きく変化している。南北首脳会談・南北閣僚会議の定期的開催に見られるのは、明らかに朝鮮半島の雪解けであり、平和的統一への歴史的流れである。だから少なくとも韓国では、この北朝鮮の特殊部隊が九〇年代と同じような脅威とは考えられていない。

だが、自衛隊は、この新『野外令』はもとより、のちに見る新防衛計画の大綱でも、相変わらず、この北朝鮮特殊部隊の脅威を強調している。これは日本政府の拉致問題をも契機とする対北朝鮮強硬外交の現れである。しかし、この政府の北朝鮮外交の背景にあるのは、アメリカの対北朝鮮対決戦略であり、「ならず者国家」というその政策である。このようなアメリカの政策は、北朝鮮の核問題についての瀬戸際政策と相まって、朝鮮半島の危機を引きおこす可能性は大いにありうるのだ。

もう一つ、この『野外令』が想定する脅威がある。

『野外令』では、先の「対ゲリラ・コマンドウ作戦」の項目のあとに「警備」（第五編「陸上防衛作戦」第三章「防衛作戦の実施」第七節「警備」）という項目を設けている。この「警備」の目的は、「敵の遊撃活動、間接侵略事態等に適切に対処して地域の秩序を早期に回復し、全般の作戦の遂行を容易にする」という。

問題は、ここでいう「間接侵略事態」だ。なるほど間接侵略対処というのは、自衛隊法の第三条にも明記されている自衛隊の主任務である。これは通常、自衛隊の治安出動対処として想定されている。だが、重要なのは、すでに引用してきたように、この間接侵略対処の項目は「陸上防衛作戦」の項目だ。つまり、治安出動対処ではなく、陸自の防衛作戦、すなわち、通常戦力による撃滅の対象としての、「間接侵略事態」があるということだ。

さて、ここでは「間接侵略事態の様相は、多種多様である。……その程度も非武装の軽度な様相から武装化した勢力による一般戦闘行動に準ずるような様相まで、多様な事態が予想される」として、「非武装の対象」までが想定される。

また、「間接侵略事態の主体の勢力は、識別が困難であり、地域と密着した関係部外機関の協力なくしては、対処が困難である。また、武器使用に当たっては、非軍事組織に対する行動であることを留意しなければならない」といい、「非軍事組織」までが想定される。

さらに、「対処の要領」として、「部隊の運用に当たっては、事態の特性、作戦全般への寄与度、我が態勢、国民への影響等を考慮し、当初から必要かつ十分な勢力を使用して一挙に対処するか、又は所要の勢力をもって逐次に対処するかを適切に定める」としている。

従来、自衛隊でいう「間接侵略事態」とは、外国の教唆・干渉による国内での大規模のデモ・騒擾・内乱などとされてきた。この対象は、いうまでもなく左翼勢力であり、反戦・平和勢力だ。したがって、これには自衛隊の治安出動が予定されており、その行動は警察力に準ずるとされてきた（警察官職務執行法の適用）。

しかし、この『野外令』のいう対象とは、「非武装の軽度な様相から武装化した勢力による一般戦闘行動に準ずるような様相」まで想定されている。ということは、『野外令』のいう

「間接侵略事態」とは、「陸上防衛作戦」、「対ゲリラ・コマンドウ作戦」の一環なのであり、国民を対象にした作戦なのである。自衛隊は、ついに「国民」を「脅威」として想定する作戦を企図するに至った。

「消却」処分を指示する新『野外令』

この新『野外令』の改定は、二〇〇〇年一月である。旧『野外令』は、一九五七年、一九六八年、一九八五年（八五年版を前『野外令』と称す）に改定された。この五七年、六八年の旧版は、一五八頁のコンパクトなものであったのに比し、八五年の前『野外令』以降の『野外令』は、本文だけで四〇〇頁を超える大冊となった。

この理由は、記述範囲が広くなり、第一編として「国家安全保障と陸上自衛隊」や、初めて「日米共同作戦」の項目が設けられたことによる。そして〇〇年の改訂版は、全体構成としては基本的に八五年版の前『野外令』を踏襲している（〇〇年版の全文は四四〇頁）。

さて、新『野外令』は、冒頭の「はしがき」に「本書は、部内専用であるので次の点に注意する」として、「用済み後は、確実に消却する」と明記している。つまり新『野外令』は、部内においてのみ閲覧できるのであり、事実上「秘」扱いだ。しかし旧『野外令』は、秘密扱いにはされていなかった。だが、八五年の前『野外令』からは、国会や報道機関にも開示されなくなった。筆者が、新『野外令』を入手したのは、情報公開法にもとづく開示請求においてである（全文開示）。

この新『野外令』は、陸上幕僚監部発行の「陸自教範1-00-01-11-2」として制定された。その目次を概略すると、第一編「国家安全保障と陸上自衛隊」、第二編「指揮」、第三編「作戦・戦闘の基盤的機能」、第四編「作戦・戦闘」、第五編「陸上防衛作戦」である。

第一編第三章では、初めて第二節「日米共同作戦」の項目を記述している。これは、一九八〇年代の日米防衛分担――日米共同作戦研究の結果である。また旧版と同様に、冒頭に「戦いの原則」の九項目「目標・手動・集中・経済・統一・機動・奇襲・保全・簡明」を掲げ、それぞれ簡潔に解説している。

旧版では、この原則の前に陸上自衛隊の「綱領」五項目が掲げられていたが、新版ではこの頁が空白になっている。筆者が防衛庁情報公開室に問い合わせたところ、新版でも掲載する予定であるが、まだ制定されていないとのことであった。

新『野外令』の改定のもう一つの内容は、すでに述べた「対ゲリラ・コマンドウ作戦」「警備」の追加であるが、第四節「離島の作戦」（第五編第三章「防衛作戦」）もまた追加されている。これは後述するが、新『野外令』のもう一つの重要な改定だ。

いずれにしても、この『野外令』を含めて、自衛隊内の教範などを分析することは、自衛隊の実態や今後の動向を正確に掴む上では重要なものである。

「ゲリコマ」訓練の開始

「ゲリコマ」とは、陸自内部の隠語で「対ゲリラ・コマンドウ作戦」のことである。このゲリコマ訓練は、新『野外令』の制定を前後として、一挙に活発化した。

「訓練は『（敵の日本での潜入破壊活動で）防衛出動が発令された』との想定で実施。軽装備の敵遊撃部隊がA市市街地の三階建てビルに潜入していることをつかんだ陸自は、直ちに四一普連（別府）の三個中隊をもって同ビルの一帯を包囲。ビル周辺から一般人はすべて退去、人質などもいない、という状況設定だ。現在の陸自の教範、編成、装備でどれだけ効果的なゲリラ掃討できるか、実員をもって検証するため、火砲で敵を粉砕するような作戦はとらず、あえて人員を突入させて撃滅する作戦がとられた」

「敵の規模は軽装備の一～二個班（十数人）と推定。四一普連ではこれを撃滅するため、一個中隊約百人とヘリコプター三機により空・陸からの突入を決定した。突入に先んじて、まずヘリが屋上にいる敵を掃討。低空から高速で侵入したUH1ヘリの機関銃が見張りの敵二人を撃ち倒す。……同時刻、地上からも一斉突入が始まっていた。爆薬により開けられた共同溝の穴から組単位（三人程度）で、次々と隊員が飛び出し、ビルへ突入を開始。まず八四ミリ無反動砲で一階の入口扉が破壊され、援護射撃を受けながら一個班が突入」（以上、〇一年二月二二日付『朝雲』）

ここに紹介したのは、二〇〇一年二月一三日の陸自西部方面隊初の「市街地戦闘訓練」の風景だ。市街地に潜伏した、敵ゲリラ・コマンドウを掃討するという大分・別府駐屯地での訓練は、初めて報道陣に公開されて行われたゲリコマ訓練だ。

だが、このゲリコマ訓練は、陸自の初めての訓練ではない。この前年、二〇〇〇年三月一八日、陸自西部方面隊において「対遊撃戦訓練」が、「山地内に拠点をおいた敵の捜索と同拠点に対する攻撃」という想定で、九州の日出生台演習場で行われた。この陸自初という山地での対ゲリコマ作戦を想定した訓練は、第一二普通科連隊（小倉）基幹の約六〇〇人が、二五人のゲリラ・コマンドウ部隊を包囲し、制圧する訓練であった。

つまり陸自は、〇〇年、〇一年と続き、山地での「対遊撃戦訓練」、市街地での「市街戦訓練」という対ゲリラ・コマンドウ訓練を行ったわけだ。

これらの訓練を皮切りに、陸自の対ゲリラ・コマンドウ訓練は、次々に開始されている。二〇〇一年一一月一三日には、第一〇普通科連隊基幹（滝川）の一三七〇人と米第三海兵連隊一大隊（ハワイ）六五〇人の日米共同訓練が、「対ゲリラ対処市街地訓練」「対ゲリラ対処山地索敵訓練」として、北海道大演習場で行われている。

指摘しておかねばならないのは、こうして報道陣に公開される前から、すでに一九九八年後半から極秘裏に全国の師団で、山岳での対ゲリラ・コマンドウ訓練が行われていたことだ。また、市街地を想定する対ゲリラ・コマンドウ訓練も、一九九九年には東京・市ヶ谷駐屯地（当時の第三二普通科連隊）で極秘裏に行われている。

こうして、新『野外令』の制定を機に、陸自は対ゲリラ・コマンドウ作戦を全国の部隊の訓練の中心に据えるようになった。言い換えれば、旧来の冷戦型の対着上陸作戦――機甲師団を中心とする大陸型の野戦戦闘は、大幅に後景化した。今や陸自の連隊・中隊などの部隊の訓練も、そのほとんどをゲリコマ訓練に当てている。

対ゲリラ・コマンドウへの部隊再編

一方、このような対ゲリラ・コマンドウ訓練の強化とともに、陸自全体の対ゲリコマ部隊の再編も開始された（〇一～〇五年度「中期防衛力整備計画」以下、「前中期防」という）。

その第一は、「政経中枢師団」の編成だ。これは首都・関西の政治経済の中枢をしめる部隊を再編成するものだ。首都では、第一師団（司令部・練馬）傘下の第一普通科連隊（練馬）を東京の警備担任区域とすること、同傘下の第三二普通科連隊（大宮）を埼玉県の警備担任区域とすること、そして、第三一普通科連隊（朝霞）を神奈川県武山駐屯地に移転し、神奈川県の警備担任区域とすることである（〇一年に移転を完了）。

第二は、「対島嶼部隊の新編」だ。これは「西部方面普通科連隊」が、自衛隊初の緊急展開部隊であり特殊部隊として、〇二年三月に長崎の相浦駐屯地に新設された。

第三は、本格的な特殊部隊の創設である。〇二年度の防衛庁業務計画では、「ゲリラや特殊部隊による攻撃対処専門部隊」として編成すると決定され、〇三年末に三〇〇人規模で設置された（習志野空挺団内の特殊作戦群）。

第四は、旅団への改編である。陸自は、従来、全国一三個師団・二個混成団体制で編成されていたが、前防衛計画の大綱では、これを九個師団・六個旅団体制に改編することが決定され、そして逐次、師団の旅団への編成替えは進行している。

第五は、空中機動旅団の新設である。これは、旅団編成の中でも中心を占めるものであり、第一二師団（司令部・相馬原）の改編による、第一二旅団の新設がすでに完了している（〇一年三月）。

この対ゲリラ・コマンドウ作戦のための部隊再編を一言でいうと、コンパクト化であり、機動力の強化だ。つまり、新『野外令』のいう「柔軟な編成・装備」とともに、「部隊運用の有通性を保持することが重要」であり、このために「小火器等を主体とした部隊の編成・運用」になるということだ。

コンパクト化は、例えば第一師団の編成定数約九〇〇〇人を約六六〇〇人に縮小して、各連隊を四個中隊から五個中隊にするというものだ。また、武山の第三一普通科連隊は、コア部隊として即応予備自衛官中心の部隊になった。

（註　ところで、このコア部隊だが、後述する新中期防ではこれを廃止し、師団・旅団のすべてを常備自衛官で編成し直すという。というのは、即応予備自衛官は、不人気で人も集まらず、訓練招集も充分できない状態であるからだ。新防衛計画の大綱では、この即応予備については、一万五千人の定数を七千人に削減している。こういう思いつきで、即応予備自衛官の創設や、コア部隊の編成を行うという愚策にはあきれる。)

師団から旅団への改編の目的は、対着上陸作戦から対ゲリラ・コマンドウ作戦への、基本作戦の変更のためである。すなわち、旅団の各一個連隊は、従来の約一二〇〇人から約六〇〇人に半減される。つまり、大陸型の広大な戦場を想定した戦闘ではなく、山地や市街地での戦闘を想定した場合、このコンパクトな部隊なしには行動できないということなのだ。また、機動力の強化では、高機動車、多用途ヘリなどの導入が図られている。

ところで、インターネット上の陸自のホームページには、「陸上自衛隊の改革の方向」(陸上幕僚監部)と題するものが掲載されている。ここでは、対ゲリラ・コマンドウ作戦のための装備の強化が謳われている。

これによれば、「個人用暗視装置、対人狙撃銃、防弾チョッキなどの個人装備、軽装甲機動車、高機動車」などの充実で、「テロ攻撃、ゲリラ・特殊部隊に対してより有効な戦闘を行うことができる」という。

このような中で、新防衛計画の大綱(〇四年一二月一一日改定、以下、「新防衛大綱」と略す)にもとづく新中期防衛力整備計画(〇五〜〇九年、以下、「新中期防」と略す)では、「中央即応集団(仮称・CRF=セントラル・レディネス・フォース)」人員三二〇〇人の設置が決定された。この部隊の任務の全体については後述するが、この新編される部隊もまた、対ゲリラ・コマンドウ作戦支援や「対島嶼防衛作戦」のために創設されるものだ（〇六年度に新編）。

すなわちこの部隊は、「各種事態が生起した場合に事態の拡大防止等を図るため、各地域に配備する師団・旅団が保持することが非効率である機動運用部隊（空挺団等）や各種専門部隊（化学防護部隊等）を中央で管理・運用し、一元的な指揮の下、事態発生時には各地に迅速に戦力を提供する」（「陸上自衛隊の改革の方向」）というものだ。

そして、この中央即応集団の指揮下には、空挺団・特殊作戦群やヘリコプター団だけでなく、新たに「緊急即応連隊」も新編されることになっている。いわば、この空挺団や緊急即応連隊などは、陸自の方面隊が作戦する地域の対ゲリラ・コマンドウ作戦に、緊急投入される部隊というわけである。

ここ一～二年、陸自は全国に市街戦用の訓練施設を建設し始めている。例えば、〇五年に建設された陸自饗庭野演習場内（滋賀県）の「都市型訓練施設」は、「今津ビルディング」という二階建のビルや、銀行、レストランを想定した建物、地下道など、一つの街のようになっている。これにコンビニ、官公庁、アパート、民家を模した建物の拡張計画もあるという。いわば、対ゲリラ・コマンドウ作戦の実戦化のための訓練施設の強化だ。

また、東富士演習場内に建設中（〇五年七月現在）の大規模市街戦訓練場は、官公庁を模した四階建のビルが造られ、市街地の四方は一五〇〜二〇〇メートル、広さ三万平方メールの陸自最大規模の市街戦訓練場である。このような市街戦訓練施設を陸自は、各方面隊に一箇所ずつ建設する予定だという。

だがしかし、このような陸自すべての、対ゲリラ・コマンドウ訓練の急激な実戦化に、隊員たちはついていけるのか？

第3章　再始動する治安出動態勢

治安出動実動訓練（真駒内駐屯地・札幌）

テロ・ゲリラ・コマンドウへの治安出動

昨年（〇五年）一〇月二〇日付の新聞各紙には、「テロに備え初の実動訓練、道警と陸自、四〇〇人参加」という記事が掲載されている。このあまり大きくもない新聞記事について、読者の多くは、「ああ、またテロ訓練か」ぐらいの認識しか持っていないであろう。

実はこの訓練は、自衛隊が戦後初めて行った、警察と共同の治安出動のための実動訓練だったのだ。また、この訓練は、すでに述べてきた陸自の対テロ・ゲリラ・コマンドウ作戦の一環でもある。つまり、前述の対テロ・ゲリラ・コマンドウ作戦が、防衛出動下の防衛作戦であるのに対し、この警察との実動訓練は、防衛出動下令前の治安出動下の、対テロ・ゲリラ・コマンドウ作戦であるということだ。

北海道警察と北部方面隊によるこの実動訓練は、治安出動が発令されたことを想定し、道警機動隊など約一五〇人と、陸自の約二五〇人が参加して真駒内駐屯地（札幌市）で実施された。

「訓練は強力な殺傷力を持つ武器を所持した武装工作員が上陸、一般の警察力では治安が維持できない事態が発生したことを想定。武装工作員の発見・鎮圧など、自衛隊と警察が対処する際の連携要領を演練する。実施項目は部隊輸送訓練、現地共同調整所の設置要領、共同検問訓練、通信訓練」(同一〇月二〇日付『朝雲』)

報道陣に公開された部隊輸送訓練では、「装甲車をパトカーと白バイが先導して走行、双方のヘリコプター二機がそれぞれの隊員をロープで降下させて着陸地を確保後、陸自ヘリからサブマシンガンを装備した道警の機動隊員を送り込む」(同一〇月二〇日付『共同通信』)訓練が行われた。

まさにこれは、先の映画『宣戦布告』の欠陥を克服した、見事な警察と自衛隊の連携だ。だが、ほとんどの市民は、考えるかも知れない。これは小説や映画の中での、架空の出来事ではないのか? いったい、いつから、警察と自衛隊の治安出動が想定され始めたのか? その法的根拠は何なのか?

新『野外令』が制定された二〇〇〇年一月、自衛隊にとって、この年にもう一つの重要な協定の改定が行われた。すなわち同年一二月四日、防衛庁長官と国家公安委員長との間で締結された、「治安出動の際における治安の維持に関する協定」だ。この新協定の締結と合わせて、同日、「自衛隊の治安出動に関する訓令」の改定も行われている。

そして翌年の二月には、防衛事務次官と警察庁長官との間で、この新協定の「細部協定」が締結され、〇二年四月から、陸自方面隊・師団と都道府県警察の間で、「現地協定」が全国でそれぞれ締結された。さらに、〇四年九月には、防衛庁運用局長と警察庁警備局長との間で、「武装工作員等共同対処マニュアル」が作成されるとともに、この間、警察と自衛隊の間で「通信協力の細部協定・実施細目協定」が次々に締結されている。

これらの新協定などの締結を皮切りに、〇二年一一月、北部方面隊と北海道警察との治安出動の「共同図上訓練」が始まった。そしてこれを最初にして、〇三年からは全国の陸自方面隊・師団と都道府県警察との図上訓練も、次々に行われ始めた。

いわば、〇五年一〇月の北海道での実動訓練は、これらの一連の図上訓練の総仕上げとも言うべきものである。そして、現地協定の締結や図上訓練・実動訓練の開始が北海道から始まったように、これから全国でこれらの実動訓練が実施されることになる。

「暴動」対処から「治安侵害勢力」対処へ

ところで、新『野外令』と同時期に改定された「治安出動の際における治安の維持に関する協定」（以下、「新協定」と略す）は、どのように変わったのか（全文は巻末に収録）。

まず第一に、旧協定（一九五四年九月三〇日締結）は、自衛隊と警察の治安出動の対象勢力を「暴動」としていた。だが、新協定では、これを「治安を侵害する勢力」に置き換えている。つまり、今日の政治情勢を判断して、警察は「暴動の鎮圧」については、警察力で足りるとし、この警察力で不足する対象勢力を「治安を侵害する勢力」、すなわち「武装ゲリラ・コマンドウ」と想定しているのだ。

新協定と同じ日に、「自衛隊の治安出動に関する訓令の一部を改正する訓令」（以下、「新訓令」と略す）も改定されたが、ここでも「暴動の制圧」（第三条）から「治安を侵害する勢力の鎮圧」に改められた。

ちなみに、この新訓令の改定趣旨を説明した、防衛庁運用局運用企画課の「自衛隊の治安出動に関する訓令の一部を改正する訓令について」（〇〇年一二月四日付、以下、「改正の趣旨」と略す）という文書は、その「改正の内容」の項で、「治安出動した際における自衛隊と警察との治安維持のための措置について、暴動への対処を想定したものから、武装工作員等への対処をも想定したものとする」と、明言している。

第二に、旧協定では、自衛隊と警察の任務分担について、自衛隊は警察の「支援後拠」、「拠点防護」、そして警察に代わって「直接制圧」というように、段階的に逐次移行することを定めていた。だが新協定では、この段階的移行も確認されてはいるが、「この場合の任務分担は、治安を侵害する勢力の装備、行動態様等に応じたものにする」（第三条の一項の三）として、「治安を侵害する勢力」の武装によっては、最初から自衛隊が対処・出動することが明記されている。

これは、防衛庁の新訓令では、さらに明確になっている。すなわち新訓令の「改正の趣旨」では、「外部からの武力攻撃に当たらないような事案においては、一義的には警察が対処するが、警察では対処できないか、又は著しく困難な場合には、自衛隊が治安出動により対処する」として、初期の段階からの自衛隊の治安出動が言われている。

また、この新訓令では、この立場から旧訓令に定められていた、自衛隊の治安出動の段階的移行という規定が削除されたことも注目すべきだ（旧協定第五条二項）。

断っておかねばならないのは、新協定・新訓令は、確かに「暴動」から「治安侵害勢力」に対象が変わったが、それは一部のマスコミがいう、反政府の大衆行動、すなわち「暴動」「暴徒」を対象にしていないということではない、ということだ。つまり「治安侵害勢力」という、より広い概念を想定して対象を広げただけなのだ。

これは、新訓令の次の規定で明らかだ。

新訓令は、「第二九条に次の一項を加える」として、「前項に規定する場合において、部隊指揮官は、相手が暴徒のときは、これに対し、解散を命じ、かつ、武器を使用する旨を警告した後でなければ、武器の使用を命じてはならない」という。つまり、ここでは武器の使用・行使という規定の中で、「暴徒」「暴動」への対処が想定されているのだ。

ところで、この旧訓令の第二九条は、治安出動における武器の「警告射撃」について規定している。だが新訓令では、「治安侵害勢力」に対しては、「ただし」という断り書きで「警告」なしに武器を使用することが新たに書かれている。ということは、国内の「ゲリラ勢力」などに対し、自衛隊が「治安侵害勢力」と見なしたならば、警告なしに武器が使用されるということだ。


さて、ここまで新協定・新訓令の制定による、自衛隊の治安出動について、詳しく見てきた。だが、待てよ、とほとんどの市民は言うかも知れない。自衛隊の治安出動は、六〇年安保や七〇年安保闘争時代のことではないのかと。

確かに、あの六〇年代、七〇年代には、自衛隊の治安出動訓練が仰々しく公開され、自衛隊はその出動態勢をとっていた。しかし国民はもとより、当該の自衛隊員たちにさえ不人気な治安出動態勢は、その後、風前の灯とでもいうように聞かれなくなった（七〇年以降、隊内では訓練さえ行われていない）。いわば、「国民に銃を向ける」自衛隊の治安出動とは、自衛隊がその「国民的認知」を得るためには、あまりやりたくない行動だったのだ。

しかし、北朝鮮の特殊部隊の存在という「新脅威論」、そして、〇一年の九・一一事件以降は、「テロ脅威論」を口実にして、再び、自衛隊の治安出動態勢が動き始めたということなのだ。

この変化でもっとも重要なことは、戦後日本の治安維持のすべてを担ってきた警察組織にとって代わって、自衛隊が治安維持の「主体」として躍り出ようとしていることだ。

これは、海上での治安維持についても同様である。戦後日本の海上での治安維持は、すべてが海上保安庁の任務であったことは言うまでもない。だが、一九九九年三月の能登半島沖事件での、戦後初めての「海上警備行動」発令以降、この海での治安維持にも、海上自衛隊は「主体」として躍り出ようとしている。

つまり、冷戦後の脅威の喪失という中で自衛隊は、「新脅威」と「新任務」を求めてうごめいているということだ（警察・海上保安庁と自衛隊の治安維持の問題についての詳細は、拙著『自衛隊の対テロ作戦』社会批評社刊参照）。

九・一一事件と対テロ作戦

さて、周知のように、九・一一事件以後のパニックを利用して、そのどさくさの中で成立したのがテロ対策特別措置法だ。そして、これに便乗して成立したのが、在日米軍などを警護する任務を付与した自衛隊法の改定である（〇一年一〇月二九日に成立）。この自衛隊の警護出動という新任務の付与も重要だが、ここでは、先の関連で自衛隊の治安出動の問題から取り上げよう。

というのは、この九・一一事件をきっかけとして制定された、もう一つの重要な「治安出動下令前の情報収集」という、自衛隊法の改定が行われているからだ。これは以下のように追加された。

「長官は、事態が緊迫し第七八条第一項の規定による治安出動命令が発せられること及び小銃、機関銃（機関けん銃を含む。）、砲、化学兵器、生物兵器その他その殺傷力がこれらに類する武器を所持した者による不法行為が行われることが予測される場合において、当該事態の状況の把握に資する情報の収集を行うため特別の必要があると認めるときは、国家公安委員会と協議の上、内閣総理大臣の承認を得て、武器を携行する自衛隊の部隊に当該者が所在すると見込まれる場所及びその近傍において当該情報の収集を行うことを命ずることができる」（自衛隊法第七九条の二）

そして、「治安出動下令前の情報収集」行動を行う自衛隊の部隊は、「その事態に応じ合理的に必要と判断される限度で武器を使用することができる」（第九二条二）という。

新設された「治安出動下令前の情報収集」のいう想定・対象は、「小銃、機関銃（機関けん銃を含む。）、砲、化学兵器、生物兵器その他その殺傷力」を有する武器を持つ者の「不法行為」が予測される場合とされる。つまり、すでに見てきたゲリラ・コマンドウに加えて、テロ勢力も加えられているのだ。

そしてこの「情報収集条項」の追加は、二〇〇一年一〇月五日の防衛庁の「自衛隊法の一部を改正する法律案について」という文書によると、「武装工作員等の事案及び不審船の事案への対処」として説明する。すなわち防衛庁によれば、この治安出動下令前の情報収集条項の追加は、外国からのテロ・ゲリラなどの攻撃を想定しているだけでなく、いわゆる、北朝鮮の不審船事態をも想定しているということだ。

ところで、自衛隊法第七九条とは、「治安出動待機命令」だ。この条項に「下令前の情報収集」は追加される。したがって、自衛隊は、治安出動の待機命令以前に、つまり、「平時」から「情報収集」という名目で出動できることになる。しかも、この出動する部隊は、治安出動に準じて武器を使用できるのである。

また、治安出動下令前に行う情報収集活動の範囲は、「当該者が所在すると見込まれる場所及びその近傍」というのであるから、都市部から山間地まで無限に広がることになる。いわば、全国が自衛隊の治安出動態勢に組み込まれるということだ。

さらに、治安出動下令前の情報収集条項は、海自の海上警備行動でも適用される。前述の、自衛隊の戦後初の海上警備行動（自衛隊法第八二条）の発令では、不審船を取り逃がしたことが問題になった。つまり、改定前の「海上における警備行動時の権限」では、武器の使用は「警職法第七条の準用」だけであった。ところが、治安出動下令前の情報収集条項の追加（大量殺傷武器等を所持した者による不法行為）による「海上警備行動」は、武器の使用権限がより拡大された。

自衛隊法改定案の「理由」のところでは、これについて、「海上警備行動時等において一定の要件に該当する船舶を停船させるために行う武器使用につき、それぞれ人に危害を与えたとしても違法性が阻却される」と説明している。つまり、この情報収集活動の追加と武器使用権限の拡大で、「不審船」への威嚇射撃だけでなく、正当防衛以外にも堂々と「船体射撃」ができるというわけだ。

在日米軍基地の警護出動

さて、九・一一事件後のテロ対策のもとで追加された、自衛隊法のもう一つの重要な内容が、自衛隊の警護出動の規定だ（〇一年一〇月二九日に成立、一一月二日公布、即日施行）。この自衛隊の警護出動とは何か。まず、その追加された自衛隊法の主要な条文から検討してみよう。

「（自衛隊の施設等の警護出動）内閣総理大臣は、本邦内にある次に掲げる施設又は施設及び区域において、政治上その他の主義主張に基づき、国家若しくは他人にこれを強要し、又は社会に不安若しくは恐怖を与える目的で多数の人を殺傷し、又は重要な施設その他の物を破壊する行為が行われるおそれがあり、かつ、その被害を防止するため特別の必要があると認める場合には、当該施設又は施設及び区域の警護のため部隊等の出動を命じることができる」（第八一条の二）

この改定自衛隊法は、自衛隊の警護出動の出動要件を「政治上その他の主義主張に基づき、国家若しくは他人にこれを強要」「社会に不安若しくは恐怖を与える目的で多数の人を殺傷」「重要な施設その他の物を破壊する行為」と規定している。

ここでいう「政治上の主義主張」、「国家・他人への強要」、「殺傷」、「破壊」などの規定は、テロ・ゲリラなどの行為を指すことは明らかだ。つまり、この自衛隊の警護出動の想定する対象は、まずはテロ行為を対象にしているということである。だが、すでに述べてきたゲリラ・コマンドウなどもその対象になっている。

重要なのは、ここで規定するテロ・ゲリラなどは、外国のテロ・ゲリラだけが対象ではないことだ。ここには「外国から」という限定性はないから、国内の政治団体のテロ・ゲリラも対象としているということだ。これは、オウム真理教事件のテロだけではない。いわゆる「過激派」などのテロ・ゲリラも、その対象にしている。先の自衛隊の治安出動の新訓令も、このような想定がなされていた。

次に、自衛隊の警護出動がいう防衛対象は何かということだ。

ここでは第一に、「自衛隊の施設」(同条第一号)をあげる。第二は、在日米軍の「施設及び区域」(同条第二号)だ。つまり、この警護出動の当面の防衛対象は、自衛隊と米軍に限定されている。ところが、この法案作成の当初、防衛対象は、在日米軍ばかりか皇居、首相官邸、国会、原発、水源地(ダム)なども含まれていたという。だがこれに対し、公安委員会・警察が反対し、この二つに限定したと言われている。

問題は、この法律がいう在日米軍の「施設及び区域」とは、どの範囲を指すのかということだ。これについて例えば、在日米軍の横田基地などの航空施設については、ある程度の限定性は考えられるが、米軍の横須賀や佐世保などの港湾の「区域」については、まったく限定されていない。

『長崎新聞』は、ここでいう「区域」について、「佐世保港では日米地位協定で立ち入りを禁止したA制限水域(八%)を提供」しているが、自衛隊の警護出動が「佐世保港の大部分を想定」し、この提供水域以外にも「警護対象の米軍水域にあたる」とする海上自衛隊に疑問を投げかけている（〇一年一〇月三〇日付）。

自衛隊の警護出動は、陸自だけの任務ではない。自衛隊の「警護出動に関する訓令」（二〇〇一年一一月二日施行）によると、その第三条で陸海空の任務分担が定められている。ここでは、「海上自衛隊は、警護出動に際しては、海上自衛隊の施設の警護を行うとともに、主として海において施設及び区域の警護を行うことを任務とする」という。つまり、『長崎新聞』が指摘する佐世保港の水域は、海自の護衛艦などが警護するというわけだ。

こういう意味で『長崎新聞』の疑問は、まったく妥当と言える。改定自衛隊法でも「警護出動時の権限」（武器使用）のところで、「その必要な限度において、当該施設又は施設及び区域の外部においても行使することができる」と規定している。つまり、自衛隊の警護出動の防衛対象となる「施設及び区域」とは、米軍施設の外部にまでおよび、この区域の範囲は相当広がっているということだ。

これについては、防衛事務次官から陸海空幕僚長・統合幕僚会議議長に宛てた「自衛隊の警護出動に関する訓令の運用について（通達）」も、次のように述べている。

「『施設及び区域』が建造物、工作物等の物的な施設又は設備のみならずそれらの所在する土地等を含む区域全体を指すものであることから、それらの施設等に所在する施設若しくは設備その他の物又は人とを含めて、その区域全体として施設等の警護を行うことである」

ところで、警護出動のもう一つの問題は、この自衛隊の警護出動は、防衛出動や治安出動のような「有事」下の出動なのか、それとも「平時」下の出動なのかということだ。

陸自などは、警護出動を「警察予備隊以来の悲願」として、空自の「領空侵犯に対する措置」や、海自の「海上警備行動」と並ぶ「平時」の出動だとする。

しかし、自衛隊法の規定を見ると、第七八条の「命令による治安出動」、第七九条の「治安出動待機命令」の後の、第八一条の「要請による治安出動」の条項に、「自衛隊の施設等の警護出動」（第八一条二）は追加されている。つまりこの規定は、「要請による治安出動」の範疇内の治安出動として見ることができる。

実際、改定自衛隊法の警護出動条項には、「内閣総理大臣は、前項の規定により部隊等の出動を命じる場合には、あらかじめ、関係都道府県知事の意見を聴く」として、知事などの意見聴取が義務づけられている。ここでは、自衛隊法第八一条の「要請による治安出動」が、知事等を主体として治安出動が行われるのに対して、知事等の「意見を聴く」だけにとどまっていることが問題である。

そして、この「警護出動時の権限」も、自衛隊法の「治安出動時の権限」以下の第八九条、第九〇条の後の第九一条の二として追加されており、その武器使用の規定も「前項において準用する警察官職務執行法第七条の規定により武器を使用する場合のほか……事態に応じ合理的に必要と判断される限度で武器を使用することができる」(同法第三号)。つまり警護出動下の部隊は、治安出動と同等の武器使用が予定されているということである。治安出動時と同等の武器の使用が許されるということは、この警護出動が事実上、治安出動の一環であることを意味する。

これを裏付けるのが、今回改定された「平時」の自衛隊基地の警備との関係だ。自衛隊法第九五条は、「武器等の防護のための武器の使用」として、「自衛官は、自衛隊の……人又は武器、弾薬、火薬、船舶、航空機、車両、有線電気通信設備、無線設備若しくは液体燃料を防護する」ためには、「その事態に応じ合理的に必要と判断される限度で武器を使用することができる。ただし、刑法第三六条又は第三七条に該当する場合のほか、人に危害を加えてはならない」としている。

ところが、今回改定された自衛隊法では、この警備対象に「無線設備若しくは液体燃料を保管し、収容し若しくは整備するための施設設備」「営舎又は港湾若しくは飛行場に係る施設設備」を加え、一段と拡大している(第九五条の二「自衛隊の施設の警護のための武器の使用」)。

問題は、ここでいう「平時」の自衛隊施設等の警備と警護出動下の警備とは、どこが異なるのか、ということだ。自衛隊施設の警備に限定して言えば、何ら変わらないと言えるが、重要なのはその武器の使用権限だ。すでに引用したように、自衛隊法第九五条での武器の使用は、事実上、「正当防衛・緊急避難」以外の武器の使用を禁じている。しかし、警護出動下においては、この限定は取り払われている。つまり、この武器使用の権限をとってみても、新設された警護出動は、事実上の治安出動であることが明らかになる。

この自衛隊法の警護出動の追加の直後、自衛隊では、「自衛隊の施設等の警護出動に関する大綱」(同年一一月七日、[極秘])、「自衛隊の警護出動に関する訓令」なども作成されている。また、「大綱」にもとづく、「自衛隊による在日米軍基地等の警護要領」(極秘)という別冊のマニュアルも作られている。

このマニュアルにもとづく警護出動訓練も、直後から米軍と共同して大々的に行われた。だが、テロの脅威は、空叫びに終わることになった。〇一年の自衛隊の警護出動の新設以来、一度もその出動の機会は訪れていない。まったく「出番」がないのだ(自衛隊と米軍の共用施設では、自衛隊が自己警備の一環として、事実上の警備支援を実施しているという)。

領域警備という新任務

まったく出動する機会もない、この警護出動の追加をなぜ政府は急いだのか？　これもまた、アメリカの「ショー・ザ・フラッグ」（態度をはっきりさせろ）という強い要求によってである。当時の自民党幹事長・山崎拓は、「在日米軍基地の警備は自衛隊にやってほしいとの米国の強い要請がある」（〇一年一〇月一三日付『読売新聞』）と発言している。つまり、在日米軍の、アフガン派兵による兵員不足に対して、その警備の穴を自衛隊に埋めさせようとしたのだ。

だがこれは、単にアメリカの要求にもとづくものではない。アメリカの要求を利用した、事実上、陸自への悲願の「新任務」の付与なのだ。「治安出動下令前の情報収集」も、米軍への「警護出動」も、「平時」の陸自の新任務「領域警備」として作られたのだ。

陸自の中で、「領域警備」という概念が出始めたのは、筆者の知る限り、前防衛大綱の制定（九五年）後のことだ。ここでは、冷戦終了後に今後の陸自が対ソ連に代わるどういう任務を受け持つのか、様々な模索が繰り返されていた。そして、元統幕議長の西本徹也が、初めてこの「領域警備」任務を唱えだした（九八年五月一五日付『隊友』）。これを契機にして、「領域警備」は具体的に動き始めたと言える。

例えば、陸自の河岡二郎三佐は、『陸戦研究』の「ＬＩＣ（低強度紛争）と陸上自衛隊への提言」（〇〇年一二月号）の中で、「陸上における警備行動任務（警備任務）の付与」と題し、「事態発生の前に予防的に自衛隊を出動できる態勢が必要である。この際、治安出動のような敷居の高いものを低くする意味で、陸上においても、警備任務を付与することである。警備任務は、事態の早期収拾を考えた場合、警察力の強化にも限界があり……警察力の限界をカバーする事態に迅速な行動と対処が可能なように体制を確立することである」と提言する。

河岡は、この論文の中で、冷戦後のＬＩＣを分析し、日本で予想される危機とは、「特殊部隊の潜入による日本国内のテロ・ゲリラ・コマンドウ攻撃」であり、「平時における国際テロ・ゲリラ活動」であるという。つまり河岡は、冷戦後の脅威の喪失の中で、このＬＩＣこそ、自衛隊が担う新任務であり、陸自はそのために「陸上での警備行動」という新任務を付与されるべきだという。

この「陸上での警備行動」とは、先に西本がいう「領域警備」である。言い換えれば、空自の「領空侵犯に対する措置」、海自の「海上警備行動」と同様に、陸自にも「陸上における警備行動」という新任務を与えよ、ということなのだ。

だが、いうまでもなく領空侵犯への措置や海上警備行動などは、冷戦時代の遺物である。この遺物という認識もなく、陸上における警備行動という新任務を与えよ、というのだから、時代錯誤もはなはだしい。そして、あたかも九・一一事件を「神風」でも吹いたかのように利用して、この実現を図っているのだ。

重要なことは、九・一一事件をも利用し、こうして自衛隊がまたぞろ、治安出動態勢に大きく乗り出したことだ。情報収集のための治安行動、在日米軍基地の警護出動、そして、警察に取って代わる対テロ・ゲリラ・コマンドウ対処の治安出動、これらの一連の自衛隊の行動の変化、とりわけ、恒常的な治安出動態勢の構築は、自衛隊が国民を管理・支配する態勢作りに、大きく動き出したことを意味する。

虚構のテロ脅威論

二〇〇一年の九・一一事件以後、ここ数年、「テロの脅威」が日本はもとより、世界中で叫ばれている。国内でも、空港・港湾・鉄道など、「テロ警戒中」の張り紙がやたら目立つ。駅構内・ホームのゴミ箱も、テロの警戒のためにほとんど封印されている。

そして、全国では、駅構内や地下鉄などで、警察・消防・自衛隊などを動員した対テロ訓練が、連日のように行われている。〇五年一〇月二八日には、政府の国民保護法にもとづく、全都道府県を参加させた共同図上訓練も行われた。これは、埼玉・富山・鳥取・佐賀の四県で同時多発テロが起きた、という想定で行われた。今や、これは国民保護法の制定と相まって、地域住民を巻き込んで進行している。もはや、誰も「戦争」に無関係ではいられない状況なのだ。

だが、果たしてテロは起こるのか？　とりわけ、日本国内でそれが起こる可能性はあるのか？　現在、テロ対策といえば、これに批判でも唱えようものなら、非国民扱いだ。

先の自衛隊法の改定にもとづいて、政府は、〇一年一一月二日、「大規模テロ等のおそれがある場合の政府の対処について」（閣議決定）という文書を発表した。

この文書は、九・一一事件のようなテロ、「小銃、機関銃、砲、化学兵器、生物兵器等の殺傷力の強い武器を所持した武装工作員等による破壊活動、その他のこれらに類する事案（以下『大規模テロ等』という）が我が国において発生するおそれがあり、一般の警察力では対応できない事態」について、内閣総理大臣を本部長とする「対策本部を設置」し、「事態が緊迫し、治安出動命令の発出が予測される場合には、対策本部の下に……防衛庁を中心に、あらかじめ、治安出動命令の発出に係る、対処方針の検討、自衛隊と警察の間の役割分担及び連携の確認、必要な情報の共有等について、相互に最大限の協力を行い、内閣総理大臣が治安出動を命じた際には速やかに強力な対処を行うことができる態勢を整える」としている。

また、同文書は「治安出動命令の発出が予測される場合」、そして「治安出動待機命令及び武器を携行する自衛隊の部隊が行う情報収集命令」の発出の場合、電話等による「迅速な閣議手続」を決定している。

この九・一一事件直後に閣議決定された、テロ対処方針で想定されるのは、「大規模テロ」だけでなく、いつの間にか「武装工作員等」、すなわち、ゲリラ・コマンドウも対象になっていることだ。

自衛隊始まって以来の、治安出動態勢に関わる閣議決定を、新聞などのマスコミはまったく報じていない。この閣議決定の文書は、政府のインターネット上のホームページでは公開されている。

閣議決定を踏まえた同年一二月一九日には、「国内テロ対策等における重点推進事項」（閣議決定）も決められた。ここでは、「出入国管理の強化やテロ資金動向把握」などとともに、特に「重要施設警備の強化」として「警察・自衛隊などの即応体制の強化」「原発等における防護措置の強化」も決められている。

すでに政府は、九・一一事件の前に内閣官房に「危機管理監」（九八年四月）を新設していたが、〇一年一〇月には、総理大臣の指揮の下に内閣に「緊急テロ対策本部」を設置した。また、〇四年八月には、「国際組織犯罪等・国際テロ対策推進本部」も改編・設置されている。この矢継ぎ早の、政府のテロ対策は何を意味しているのか。果たして政府のいうテロは、起こりうるのか。

ここに、一つの政府文書がある。『テロの未然防止に関する行動計画』(〇四年一二月一〇日)という文書である。発行は、政府の現在のテロ対策の中心をなす、「国際組織犯罪等・国際テロ対策推進本部」だ。

ここでは、まず「海外における邦人へのテロの脅威」として、「米国の同盟国である我が国は、例えば、平成一五年一〇月及び平成一六年五月のオサマ・ビン・ラディンのものとされる声明や同年一〇月のアイマン・ザワヒリのものとされる声明において、テロの標的として名指しされている。我が国の国際社会における存在感が増し、世界に対する影響力が大きくなるにつれて、我が国の権益及び邦人がテロの対象とされる危険性は高まっており、在外公館や海外進出企業、海外在留邦人、邦人旅行者においては、テロに対する十分な警戒が必要となっている」と述べている。

また、「我が国への直接のテロの脅威」の項では、「アル・カーイダを始めとするイスラム過激派からテロの標的として名指しされており、今後、国内において、国際テロ組織によるテロが敢行される可能性は否定できない。また、我が国には、イスラム過激派がテロの対象としている米国権益等が多数存在することから、これを標的としたテロの発生も懸念される」という。

この政府文書を詳しく紹介してきたのは、政府が大々的にキャンペーンしているようなテロは、日本国内では本当に起こるのか、これを明確にするためだ。この文書がいうように、海外では、「在外公館や海外進出企業、海外在留邦人」などへのテロの「危険性が高まって」いるが、国内では「可能性は否定できない」という程度だ。つまりこの政府文書によれば、テロの可能性は、海外では相当高いが、国内のそれはほとんどないということだ。

テロの問題の把握は、国内の治安情勢を正確に認識していれば、難しくはない。というのは例えば、この文書がいう「イスラム」の日本国内の人口である。イスラムの人口は、アメリカ約六〇〇〇万人、フランス約五〇〇〇万人、イギリスでは約三五〇〇万人と言われているが、日本国内のそれは約七万人にすぎない。

もちろん、人口だけですべてが比較できるとは言えない。だがこの人口比は、治安政策の上では決定的だ。例えば、このテロ対策に主として治安責任を負っているのは、警察と公安調査庁である。警察が戦前戦後を通じて、すべての左翼勢力のほぼ全体を掌握していることは、関係者なら周知のことだ(構成人員の氏名・住所などを含む)。したがって、警察が国内の「イスラム」の人々のすべてを正確に掴んでいることは疑いない。

在日イスラムの動向調査

一つの事例を上げよう。これは、公安調査庁の「外国人労働者・研究者の動向と調査」（同庁調査第二部、九八年二月一日）という内部文書だ。断っておくがこの文書は、筆者が『公安調査庁㊙文書集』『公安調査庁スパイ工作集』（以上は、社会批評社刊）の編集過程で入手したものだ。

さてここでは、「国際テロ」関連の「仙台イスラム文化センターについて」と題し、「立証一三　課題解明に準じた調査を実施」として、以下の調査がなされていることが報告されている。

○東北大イラン人留学生・研究員の研究内容、生活実態等を把握
○仙台東ティモールの会の東ティモールへの募金活動を把握
○仙台外国語講師組合「ＬＴＵＳ」の動向を把握

つまり、ここで調査されているのは、「仙台イスラム文化センター」に集まっているイスラ

ムの人々だ。公安調査庁によるこの調査は、いうまでもなく協力者（スパイ）を潜入させて行われる。

「イスラム文化センター」は、全国各地に存在するから、おそらく公安調査庁は、このすべてに協力者を作って調査していると思われる。ここで明らかなのは、公安調査庁は、警察とは独自に、国内のイスラムの人々をほとんど掴んでいるということだ。

ところで、『公安調査庁㊙文書集』の記述などから推測すれば、公安調査庁がこの調査を始めたのは、一九九一年の「悪魔の詩」事件後であると思われる（警察も同様）。これは、同年七月、『悪魔の詩』の日本語版翻訳者の筑波大学・五十嵐一助教授が、大学構内で何者かによって刺殺された事件だ。『悪魔の詩』の発行については、当時、イランからその執筆者などに対し、全世界で「死刑」の宣告が行われており、それが日本で実際に実行されたと思われるセンセーショナルな事件であった。そしてこの事件の犯人は、未だ捕まっておらず、〇六年七月、時効も成立しようとしている（この事件は一五年前であるが、日本で発生した「イスラム」勢力によると思われる、「唯一のテロ」と言えるものだ）。

つまり、この「悪魔の詩」事件以後、日本の公安機関は、イスラムの人々に対する本格的な動向調査を始めたということだ。この結果、現在では、おそらくこれらの人々はすべてが、公安機関に掌握されているだろう。

このように、国内での治安動向を正確に把握していれば、国内でテロが起こることは考えられない。特に日本国内では、武器の調達はほとんど不可能である。対して海外では、武器の調達が容易であり、国によっては治安組織が充分に機能していないところもある。したがって、先の政府文書がいうように、海外の日本企業などへのテロの可能性は相当高いと言えるのだ。

結論をいうなら、国内でテロの起きる可能性は、ゼロに等しい。だが、ゼロに等しいにもかかわらず、なぜ政府は、このようなテロの恐怖を煽っているのか？ ここには、自衛隊の治安出動態勢作りだけでなく、政府・支配層の国民への管理体制作り、「危機と恐怖」を煽ってその管理社会を強化するという支配政策がある。

現在、政府は、「共謀罪」などの治安弾圧法の制定に次々と動き出している。『テロの未然防止に関する行動計画』でも、「入国審査及び査証申請時における指紋採取等による入国審査の強化」（〇六年国会で成立）、「旅館業者による外国人宿泊客の本人確認の義務化」「重要施設の周辺の立ち入り制限区域を設定」「テロリスト及びテロ団体の指定制度」などの法律制定が、近いうちにも予定されている。

これらが実現されたならば、日本社会は、テロの脅威の名の下に市民のすべてを窒息させる、まさに恐怖の社会になるのではないか。九・一一事件以後のアメリカ社会を見ると、それが推し量られるのだ。

第4章　南西重視戦略への転換

海自護衛艦隊

米海兵隊との離島防衛訓練

今年早々（〇六年一月）の陸上自衛隊のトップニュースは、米カリフォルニア州サンディエゴで行われた、米海兵隊との共同訓練だ。この訓練模様は、映像入りでテレビなどのメディアで大々的に報道され、公開された。

この訓練は、海兵隊員を教官にして行われた陸自初の「離島防衛訓練」だ。陸自西部方面普通科連隊（一二五人）と米第一海兵師団（三〇人）が、米海軍コロナド基地を中心にしてサンディエゴ海岸において行った「離島上陸」訓練なのである。

訓練内容は、特殊ゴムボートの操舵方法、海上航法、フィン（潜水用の足ひれ）を使った偵察泳法などの基礎技術の習得に重点がおかれた。というのは、「陸自ではこれまで、戦闘服に防弾チョッキやライフジャケットを着け、銃を持ったまま遠泳したりゴムボートを操るといった訓練は皆無のため、今回は応用訓練や共同作戦までは踏み込まず、ゴムボートの基本的動かし方や、音を立てずに長時間泳ぐ偵察泳法などの初歩的技術を習得することに主眼がおかれた」（同年一月一九日付『朝雲』）という。

陸自の米海兵隊などとの「派米実動訓練」は、〇二年度から続々と開始されてきた。だが、そのほとんどは市街地戦闘訓練であり、今回のような「離島防衛訓練」は、文字通り、陸自では初めてである。

「離島防衛訓練」というと、ほとんどの国民には耳慣れない言葉だろう。これは、自衛隊内部の隊員でさえ、ほとんど知らないと言っていい。なぜならこの訓練は、ここ数年、自衛隊とりわけ陸自が、ようやくはじめた訓練であるからだ。あの、対テロ・ゲリラ・コマンドウ訓練と離島防衛訓練が、冷戦後の陸自の新たな基本的訓練になったのだ。

この離島防衛のために新設されたのが、西部方面普通科連隊だ。この部隊が、〇二年三月、長崎県相浦駐屯地に、レンジャー要員を基幹として発足したことはすでに述べた。そしてこの部隊は、自衛隊にとって初めての特殊部隊であるばかりでなく、緊急展開部隊でもあることも記してきた。

詳しく見ていくと、この連隊の編成人員は、約六六〇人。部隊は、本部管理中隊と三個普通科中隊で編成され、各中隊内の一個小隊がレンジャー部隊（三〇人）で構成されている。また、一機で五五人を輸送できる大型輸送ヘリ、CH―47を配備し、空中機動作戦が重視されている。

ところで、陸自において新しい連隊の新設は、大変珍しい。特に新編されたのは、普通科連隊だ。この連隊は何のために作られたのか。これは、連隊が「長官直轄部隊」であることでその性格を表している。つまり離島防衛、具体的には、九州・沖縄の離島防衛（特に沖縄）のために、わざわざ作られたのがこの連隊だ。

防衛庁の発表によれば、沖縄には約五〇の有人島があるが、現在置かれている第一混成団（那覇）だけでは、「島に上陸したゲリラ・コマンドウに対処」するには不十分だという。

だが今なぜ、突如として離島防衛が必要なのか。ここには、たびたび指摘してきた、自衛隊の冷戦後の脅威の喪失という情勢がある。自衛隊の冷戦後における新戦略のもう一つが、「南西重視」なのだ。

新『野外令』の離島防衛作戦

二〇〇〇年一月に改定された新『野外令』では、対ゲリラ・コマンドウ作戦が初めて任務化されたことは、詳述してきた。これと連動して、新『野外令』では、「離島の防衛」（第五編第三章第四節）作戦もまた、初めて任務化された。この改定理由について、『野外令改正理由書』は、「離島に対する単独侵攻の脅威に対応するため、方面隊が主作戦として対処する要領を、新規に記述した」とわずかに述べるだけにとどめている。

この離島防衛作戦の目的を掴むために、とりあえず、新『野外令』を参考にしながらその内容を検討しよう。

まず、新『野外令』は、「離島の防衛・要説」の「不意急襲的な侵攻」の項で、「敵は、離島を占領するため、通常、上陸侵攻と降着侵攻を併用して主導的かつ不意急襲的に侵攻する」と敵の攻撃態様を想定する。そしてこのためには、「重視事項」として、「情報の獲得」「迅速な作戦準備」「緊密な統合作戦の遂行（特に海上・航空優勢の獲得）」が必要と指摘する。

こうして、この離島防衛作戦には、「事前配置による要領」と「奪回による要領」の二つがあるとしている。

この「事前配置による要領」の「対処要領」が、「所要の部隊を敵の侵攻に先んじて、速やかに離島に配置して作戦準備を整え、侵攻する敵を対着上陸作戦により早期に撃破する」ことである。そして、この作戦ための編成として、「対着上陸作戦を基礎」として、「離島配置部隊」「戦闘支援部隊」「予備隊及び後方支援部隊に区分して編成する」というのだ。

「奪回による要領」の「対処要領」は、「敵の侵攻直後の防御態勢未定に乗じた継続的な航空・艦砲等の火力による敵の制圧に引き続き、空中機動作戦及び海上輸送作戦による上陸作戦を遂行し、海岸堡を占領する」ことである。この作戦のための編成として、「離島に対する空中機動作戦及び海上機動作戦」による「上陸作戦を基礎」として「着上陸部隊、戦闘支援部隊、予備隊及び後方支援部隊に区分して編成する」という。

つまり、前者の作戦の基礎が「対着上陸作戦」であるのに対し、後者の作戦の基礎は、「上陸作戦」である。そして、この両者の作戦において、いずれも「離島への機動」を重視することとされている。

ここでの事前配置による対処要領を見ると、冷戦時代に陸自の主要な作戦であった対着上陸作戦が生かされていることが分かる。ただ、これは冷戦時代の巨大な機甲師団であった旧ソ連に対するのと異なり、その規模も小さい。

だが、冷戦時代と異なる新たな作戦が、奪回による対処要領の「上陸作戦」だ。つまり陸自は、初めて上陸作戦という作戦構想を制定したのだ。

いうまでもなく、陸自は、その創設後から最近まで、対着上陸作戦を作戦構想の主眼としてきた。その想定は、冷戦時代の仮想敵国であった、旧ソ連の機甲師団などの北海道への侵攻を予想してきたからである。この旧ソ連の機甲師団などに対して、主要に水際で撃破するのが陸自の戦略であったのだ。

この作戦構想を反映してか、旧『野外令』は、「対着上陸戦闘」（第六編第一章）の記述はあるが、「上陸作戦」の記述はまったくなかったのだ。

つまり、この新『野外令』による「上陸作戦」の初めての制定は、陸自にとって画期的出来事である。いわば、陸自が「離島防衛対処」を口実にしながら、「上陸作戦」、すなわち海外展開能力を演練する段階に至ったということなのだ。

そして、前述の陸自における初めての海兵隊との共同訓練は、この離島防衛のための「上陸作戦」の基礎訓練であった。いわば陸自は、海外展開部隊であり、上陸作戦の実戦経験を積んできた米海兵隊から、その経験を学ぶ段階に至っているということである。

「防衛警備計画」の漏洩？

二〇〇五年九月二六日付『朝日新聞』は、朝刊一面トップで「陸自の防衛計画判明『中国の侵攻も想定』北方重視から転換」というスクープ記事を、大々的に報じた。

この「中国の侵攻も想定」というタイトルだけで、多くの読者は度肝を抜かれたと思うが、筆者が驚いたのは、前者の「防衛警備計画判明」というというタイトルの方だ。というのは、「防衛警備計画」とは、自衛隊が最高機密に指定した文書であるからだ。通常、このような極秘文書は、内容はもとより、その存在自体も秘密扱いだ。

自衛隊では、想定しうる日本攻撃の可能性を分析し、その運用構想を定める統合幕僚会議が立案する「統合防衛警備計画」と、これを受けて陸海空の各幕僚監部が作成する「防衛警備計画」が策定されている。そしてこれを踏まえて、具体的な作戦に関する「事態対処計画」が作られ、さらに、全国の部隊配置、有事の部隊運用を定めた「年度出動整備・防衛招集計画」が作成されている。

「年度出動整備・防衛招集計画」では、その年の出動部隊の配置だけでなく、隊員一人ひとりの動員配置なども、具体的に計画されていると言われている。

このような自衛隊の最高の機密である作戦計画が、なぜ報道されたのか？　それは『朝日新聞』のスクープなのか？　漏洩なのか？　もし、この機密文書の内容を漏洩したとするなら、直ちに関係箇所へ自衛隊警務隊の調査・取り調べが開始される。ところが、この報道以降、警務隊などの調査・取り調べなどが始まっているということも、何らかの調査をしているということもない。つまり、この『朝日新聞』の記事は、自衛隊サイドの「意図的漏洩」であるということだ。

自衛隊は、冷戦後の脅威論の喪失の中で、またも意図的に最高機密まで漏らして、新任務の「宣伝・工作」に努めているのである。あの小説・映画の、『宣戦布告』がそうであったようにだ。しかし問題は、『朝日新聞』のような中立的報道機関とされてきたマスコミまでが、こういう自衛隊の宣伝工作に加担していることである。ここ数年来、多くの市民が『朝日新聞』の報道姿勢に疑惑を持ってきたが、「防衛警備計画」の「スクープ」は、これを促進するのではないか（アメリカのアフガン爆撃を支持する社説を掲載したことで、その報道姿勢に疑惑を感じる市民が増大している）。

さて、問題は「中国の侵攻も想定」という、その内容だ（同紙記事参照）。

まず、この「防衛警備計画」（〇四〜〇八年度）では、北朝鮮、中国、ロシアを「脅威対象国」と認定している。「脅威対象国」とは、いわゆる仮想敵国のことだ。これは、日本攻撃の可能性について、北朝鮮は「ある」、中国は「小さい」、ロシアは「極めて小さい」、「国家ではないテロ組織」による不法行為は、可能性が「小さい」とされているという。

この報道の中心は、「中国の脅威」である。その中国については、どのように想定されているのか。

①日中関係悪化や尖閣諸島周辺の資源問題が深刻化し、中国軍が同諸島周辺の権益確保を目的に同諸島などに上陸・侵攻。

②台湾の独立宣言などによって中台紛争が起き、介入する米軍を日本が支援したことから、中国軍が在日米軍基地・自衛隊施設を攻撃。

また、中国側が、一個旅団規模で離島などに上陸するケース、弾道ミサイル・航空機による攻撃、都市部へのゲリラ・コマンドウ（約二個大隊）攻撃も想定されている。

この事態への自衛隊の対処であるが、尖閣諸島などへの上陸・侵攻に対しては、九州から沖縄本島、石垣島など先島諸島へ陸自の普通科部隊を移動し、上陸を許した場合は、海自・空自の対処後、陸自の掃討作戦によって「奪回する」としている。

また、中台紛争下の中国軍による在日米軍基地・自衛隊施設への攻撃に対しては、先島諸島に基幹部隊を「事前に位置」し、状況に応じて九州、四国から部隊を転用する。都市部へのゲリラなどの攻撃に対しては、北海道から部隊を移動させ、国内の在日米軍基地などの警護のために特殊作戦群の派遣も準備されているという。

つまり、前者で想定する作戦が、新『野外令』の「離島の防衛」でいう「奪回による対処要領」の上陸作戦であり、後者が「事前配置による対処要領」の対着上陸作戦である。

このように、新『野外令』の制定後、「防衛警備計画」をはじめ離島防衛作戦は、確実に具体化されているのだ。

北方重視から南西重視へ

前防衛大綱（九五年改定）以来、自衛隊では、北方重視から西方重視へ転換することが謳われてきた。前防衛大綱は、曖昧ながらすでに冷戦終了後の、自衛隊の新任務を唱えていたのである。この西方重視への転換は、いうまでもなく脅威対象国の基本的変化だ。旧ソ連から北朝鮮へ、仮想敵国の軸が変化したのだ。ところが、この西方重視とともに、さらに南西重視へと明確に転換したのが、〇四年一二月一〇日に改定された新防衛計画の大綱である（新防衛大綱の全体については後述）。

新防衛大綱は、最初のところで「我が国に対する本格的な侵略事態生起の可能性は低下する」が、「新たな脅威や多様な事態に対応」することが求められているとし、この新たな脅威として、「弾道ミサイルへの対応」「ゲリラや特殊部隊による攻撃への対応」「島嶼部に対する侵略への対応」などを列挙する。

この「島嶼部に対する侵略への対応」として、「島嶼部に対する侵略への対応としては、部隊を機動的に輸送・展開し、迅速に対応するものし、実効的な対処能力を備えた体制を保持する」と簡単にしか記されていない。つまり新大綱では、島嶼部への侵略という事態がいかなるものか、明記されていないのだ。

この「島嶼部に対する侵略への対応」、すなわち南西重視戦略をもっと明確にしたのが、陸自幕僚監部の発行する『陸上自衛隊の改革の方向』だ。ここでは「部隊配置の見直し」として、「配備の地理的重点正面を北から南、東から西へと変更します。特に、北海道に所在する部隊の勢力を適正な規模にするとともに、日本海側及び南西諸島正面の配備を強化して、今まで相対的に配備の薄かった地域の部隊を充実します」と述べている。

さて、この南西重視戦略――島嶼部の侵略への対応の目的を、もう少し明確にしているのが、新防衛大綱の原案として作られた「『防衛力の在り方検討会議』のまとめ」(〇四年一一月、以下、「検討会議」と略す。防衛庁内部の討議資料)だ。

これは、「従来陸上防衛力の希薄であった地域(南西諸島・日本海側)の態勢強化」と題して、以下のようにいう。

「沖縄本島は九州から約五〇〇㎞離れ、沖縄本島から最南西端の与那国島では約五〇〇㎞に渡り多数の島嶼が広がっている。また、南西諸島は近傍に重要な海上交通路や海洋資源が所在する戦略上の要衝となっている。海上交通路を確保するためには、南西諸島の防衛態勢を強化し、島嶼部への侵略等の多様な事態に的確に対処できる体制を構築することが必要である。このため、統合運用の観点から三自衛隊の横断的な取り組みに留意しつつ、陸上自衛隊においても取り組みを行う。

また、陸上防衛力が相対的に希薄な日本海側におけるゲリラや特殊部隊による攻撃等への迅速な対応を期すべく防衛態勢の強化を行う」

つまり、この「検討会議」のいう島嶼部防衛の目的は、海上交通路の確保、海洋資源の保護であるということだ。だがなぜ今、島嶼部の防衛が必要になったのか、その意味についてはどこにも記述されていない。

しかし、この「島嶼部に対する侵略への対応」のために、新大綱にもとづく新中期防（〇五～〇九年度）では、装備の増強が始まっている。すなわち新中期防では、輸送・展開能力等の向上を図り、島嶼部に対する侵略に実効的に対処し得るよう、引き続き、輸送ヘリ（ＣＨ―47ＪＡ／Ｊ）、空中給油機・輸送機（ＫＣ―７６７）、戦闘機（Ｆ―２）を整備する、としている。

装備の増強だけではない。「検討会議」では、もっと詳細にこの島嶼防衛のための部隊増強が明示されている。

すなわち陸自では、那覇に駐屯する第一混成団の旅団への改編である。この改編によって、人員ばかりか軽装甲機動車などが増強される。緊急展開部隊である、西部方面普通科連隊も保持すると記述されている。

海自では、島嶼部への侵攻を阻止するため、また、島嶼部が占領された場合の奪回部隊に対する敵水上艦艇および潜水艦の接近を阻止するため、必要な潜水艦を配備するとしている。また、固定翼哨戒機部隊について、「局地・限定侵攻事態（島嶼部への侵略対応）」として、警戒監視、常時オンステージ、即応待機などを維持するという。

空自では、島嶼部への侵略などの事態に迅速に対処するために、戦闘機の配置の質的・機能的に偏りを是正するとしている。また、「空対地攻撃機能の重視」として、「ゲリラや特殊部隊による攻撃、島嶼部への侵略といった新たな脅威や多様な事態に適切に対処するため、その高度化を図る」とする。

これらを見ると、明らかに自衛隊は、沖縄を中心とした島嶼防衛部隊の徹底強化を開始していることが分かる。特に、陸自・空自の部隊増強が、いっそう明白であり、例の中国潜水艦事件に見るように、海自の「警戒監視・常時オンステージ・即応待機」態勢も作られているということだ。

加えて、空自の沖縄での、新たな強化も公言されている。

〇六年二月、空自那覇基地司令・滝脇博之は、空自のF―4戦闘機、海自のP―3Cの下地島配備の必要性についての見解を表明した（同年二月一六日付『琉球新報』）。この報道によれば滝脇は、中国の軍事費の伸び、最新鋭戦闘機の導入などをあげ、「沖縄の自衛隊にとっては脅威だ」と強調し、対中国有事の防衛拠点確保の観点から、下地島を基地化し、戦闘機部隊を配備するか、訓練の一部を移転することを示したという。

下地島空港は、宮古市におかれた民間専用の三千メートルの滑走路を有する飛行場だ。この空港は、軍事目的には使用しないことを前提に建設されている。この下地島空港の軍事基地への転用は、沖縄の世論と真っ向から激突するだろう。

この離島防衛強化の名の下で、沖縄の空自の増強も決定されている。〇八年度から空自那覇基地（那覇市）に、F―15戦闘機一個飛行隊（約二〇機）の配備方針が予定されている。航続距離の長いF―15の新配備で、南西諸島上空の防空能力を高める狙いがある。同時に、那覇基地のF―4部隊は、百里基地（茨城県）と入れ替える方針だ。

この沖縄を中心とした離島防衛作戦のために、もう一つ動き出しつつあるのが、高速輸送艦導入の方針だ。これは、海自が保有する最大の補給艦「ましゅう型」（一万三五〇〇トン）を上回る大型艦を予定しているという。この大型艦の甲板は、ヘリのほか、偵察機などの航空機の離発着も可能になる、文字通りの「空母」だ。

高速輸送艦導入の最大の理由は、「中国が東シナ海の離島に侵攻する脅威は高まっており、米軍再編でも離島防衛における日米の共同対処は主要なテーマになった」と報道されている

（〇五年一〇月二三日付『産経新聞』）。

この構想の背景にあるのは、「動く海上基地」と言われる米軍の「シー・ベーシング（海上基地）」である。これは、米軍のトランスフォーメーションの一環であり、地域紛争の緊急事態に対し、一〇日以内に派遣、軍事作戦を行う陸上部分から、四〇～一六〇キロの沖合に作戦基地を設けるというものだ。いわば、これは米軍がすでに活用している、事前集積船の大型版である。

こうしてみると、自衛隊の離島防衛作戦という新任務は、単なる海上交通路の確保などが目的ではなく、日米安保にもとづく日米共同作戦の一環であるということだ（後述の対中抑止戦略）。その共同作戦の動きを加速したのが、新ガイドラインであり、周辺事態法の制定である。

いずれにしても、離島防衛作戦の名の下に、沖縄での米軍・自衛隊基地の強化が、急速に進行しつつあることを注視しなくてはならない。

この離島防衛作戦の強化の中で、昨年度（〇五年度）から新たに始まったのが、陸自の「南方転地演習」だ。

この訓練は、例えば北海道の陸自第六普通科連隊（美幌駐屯地）の隊員が、海自の大型輸送艦、空自のC―1輸送機、民間フェリーなどで関東地方に移動し、東富士の市街戦訓練場などで対ゲリラ・コマンドウ訓練を行うというものだ。

この南方転地演習は、すでに見てきたように、陸自の西方重視、南西重視戦略の一環であり、事態発生時の九州・沖縄への増派が目的だ。陸自は、この演習を今年度（〇六年）から、沖縄の離島に対しても行うとしている（陸自〇六年度の業務計画）。

陸自は、冷戦下において、北海道の部隊を増強するために、本州以南の部隊を北海道に増派する「北方機動特別演習」を毎年の主要な行事としてきた。この北方への転地演習も、まだまったく終了したわけではない。しかし、現在、陸自の主要な機動演習は、南方転地演習に全面的に代わろうとしているのだ。

新大綱下のトランスフォーメーション

さて、今まで新防衛大綱に部分的に触れてきたが、ここでは、その全容について解明しておきたい。というのは、新防衛大綱の改定は、自衛隊発足以来の最大の再編を目的にしているからだ。

まず、新大綱の改定の第一は、「新たな脅威や多様な事態」という「新脅威論」を全面に打ち出していることだ。冷戦時代のソ連脅威論に代わる脅威論とも言えよう。九五年の前大綱では、「大規模災害等各種事態への対応」として曖昧化されていたものが、ここにきて初めて新たな脅威として積極的に提唱されているのだ。

この「新たな脅威や多様な事態」とは何か。新大綱では、「国際テロ組織などの非国家主体が重大な脅威」であるといい、「大量破壊兵器や弾道ミサイルの拡散の進展、国際テロ組織等の活動を含む新たな脅威や平和と安全に影響を与える多様な事態」への対応が、差し迫った課題であるという。

「新たな脅威や多様な事態」については、すでに参照してきた「検討会議」では、「大量破壊兵器や弾道ミサイルによる攻撃、テロ攻撃、ゲリラや特殊部隊による攻撃、島嶼部への侵略、サイバー攻撃、テロ活動や工作員・工作船活動などをはじめとする各種の不法行為、大規模・特殊な災害」と、次々に列挙する。

この「検討会議」に見る新脅威論の記述は、冷戦後、脅威を喪失した自衛隊の混迷を見るようだ。「大量破壊兵器」などはともかく、九・一一事件以後のテロを「天佑」としている有様が目に浮かぶ。そして、警察や海上保安庁のテロ対策、不審船対策まで、自衛隊の新任務に加え始めているのだ。

新大綱の改定の第二は、この立場から北朝鮮、また新たに中国を新脅威論の対象に加えていることだ。この中で北朝鮮については、「大量破壊兵器や弾道ミサイルの開発、配備、拡散等を行うとともに、大規模な特殊部隊を保持している。北朝鮮のこのような軍事的動きは、地域の安全保障における重大な不安定要因であるとともに、国際的な拡散防止の努力に対する深刻な課題となっている」としている。

つまり、ここで北朝鮮については、「重大な不安定要因」「深刻な課題」として、最大限脅威を強調しているわけだ。だが、一九九〇年代の自衛隊は、この北朝鮮の脅威を冷戦後の最大の脅威とみなしてきた。とすれば本来、「新たな脅威や多様な事態」という前に、北朝鮮の脅威を取り上げるはずだ。しかしここでは、北朝鮮の脅威は二次的におかれているだけである。

これは、北朝鮮の脅威が、実際は「現実的脅威」ではないからだ。つまり、世界第三位という軍事力を保持している自衛隊にとって、旧式の兵器しかなく、しかも軍事用の燃料も、将兵の食糧も満足に供給できない北朝鮮は、本当は脅威とは言えないのである。

しかし、「新たな脅威」とする国際テロやゲリラ・コマンドウの脅威――北朝鮮の脅威も、自衛隊が保有する戦力からみれば、取るに足りない。そこで新大綱が新たに打ち出そうとしているのが、「中国脅威論」だ。

新大綱では、「この地域の安全保障に大きな影響力を有する中国は、核・ミサイル戦力や海・空軍力の近代化を推進するとともに、海洋における活動範囲の拡大などを図っており、このような動向には今後も注目していく必要がある」と、中国を名指しして取り上げている。前大綱は、この部分では「依然として核戦力を含む大規模な軍事力の存在」といい、中国という表現をしていないのだ。

この新大綱の記述は、明らかに中国脅威論である。すでに見てきたが、この中国脅威論は一九九〇年代の終わりから、事実上、打ち出されており、対中国を想定した部隊の新編、訓練も強化されているのだ。つまり新大綱の記述は、自衛隊がすでに想定した対象国（仮想敵国）を後追いしたものにすぎない。ここには、今日の政府と自衛隊制服組の関係が、明瞭に表れている。いわば、軍部として登場しつつある制服組のこのような軍事的戦略・行動を、政府は後追いするだけで統制さえできないのだ。

後述する、「日米同盟『未来のための変革と再編』中間報告」（〇五年一〇月二九日、以下、「中間報告」と略す）では、「変革と再編の戦略目標」の項において、「アジア太平洋地域において不透明性や不確実性」「地域における軍事力の近代化に注意を払う必要」と記述し、中国を意識した日米同盟の強化が提唱されている。この「中間報告」の原案となった、同年二月の日米安全保障協議委員会（二＋二）では、アメリカはここに「対中国抑止」を明記することを主張したが、日本側の要請で削除されたと言われている（久江雅彦著『米軍再編』講談社）。

つまり、この新大綱の策定は、翌年の日米安保の「中間報告」と相まって、自衛隊をはっきりと米軍の対中抑止戦略に組み込むものとなったということだ。これは、自衛隊と米軍の戦略目標――日米安保の目標が、対中国になったということである。このように自衛隊は、一九六〇年代の中国脅威論に再び回帰し始めているのだ。言い換えれば、中国を対象国、仮想敵国とする、「新冷戦」戦略が開始されたということだ。

新大綱の改定の第三は、「国際平和協力活動」、すなわち、国際安全保障を自衛隊の新任務とすることが初めて提唱されていることだ。

新大綱では、これを「我が国の平和と安全をより確固たるものとすることを目的として、国際的な安全保障環境を改善するために国際社会と協力して行う活動に主体的かつ積極的に取り組む」としている。そしてこのために、「教育訓練体制、所要の部隊の待機態勢、輸送能力等を整備し、迅速に部隊を派遣し、継続的に活動するための各種基盤を確立するとともに、自衛隊の任務における同活動の適切な位置付けを含め所要の体制を整える」とする。

ここでいう、「自衛隊の任務の適切な位置付け」とは、国際平和活動＝海外派兵の主任務化だ。つまり、自衛隊法第三条が定める自衛隊の主任務（本来任務）に、国際平和活動を位置付けるというものだ。

「国際平和協力活動」とは、従来のＰＫＯ活動だけではない。今イラクで継続している「人道復興支援活動」、アフガン戦争で継続している対テロ支援活動、そして、集団的自衛権にかかわる治安維持活動なども予定されているのだ。

この新大綱による「国際平和活動」の主任務化は、自衛隊においては歴史的な転換である。確かに自衛隊は、一九九〇年代から、PKOをはじめとして海外での様々な活動を展開してきたとはいえ、ここにおいて自衛隊は、まぎれもなく「海外遠征軍」に脱皮するのだ。言い換えれば、創設以来の自衛隊は、すべてが「国の防衛」という任務をなしてきたが、この新大綱の策定で、これは二次的任務となるということだ。この新大綱による自衛隊の転換が、現行憲法体制のもとで行われていることに危惧しないわけにはいかない。

そして、このために「検討会議」では、国際活動への自衛隊の迅速な派遣、安保理決議採択後三〇日以内（複雑な活動の場合九〇日）の派遣態勢を構築するという。この国際活動の計画・訓練・指揮を一元的に担当するのが、中央即応集団司令部であり、その下に新設されるのが国際活動教育隊（仮称）である。

陸自は、この待機態勢を維持するために、北部方面隊を中心としたローテーションを作り、この中では、政経中枢師団、島嶼部警備部隊はこのローテーションを「緩和」するとしている。つまり、対テロ・ゲリラ・コマンドウ作戦に就く部隊は、実質上、この国際平和協力活動から外されるのだ。いずれにしろ、新大綱制定以降、自衛隊の活動の中心は、海外派兵となるであろう。

戦車など四割減の大再編

新大綱の改定の第四は、以上の活動、新任務のために大幅な部隊再編が行われることだ。これは、自衛隊創設以来、最大の再編と言っていい。この内容について、新大綱「別表」、新中期防、「検討会議」文書、そして、陸自業務計画などを参考にして検討してみよう。

陸自では、基幹部隊の八個師団・六個旅団体制は維持される。だが機動運用部隊として、現在の一個機甲師団に中央即応集団が新設される。しかし、既存の戦車（約九〇〇両）は、約六〇〇両に削減され、主要特科装備（約九〇〇門／両）も、約六〇〇門／両に削減される。つまり、戦車・火砲の約四割の削減だ。また、多目的誘導弾などは、約九割が削減される。

これらの戦車・火砲・多目的誘導弾などの部隊人員では、全体で約三割の削減だ。ここで削減された人員・予算は、中央即応集団の新設、普通科連隊の充足率の強化、装備の強化などに回される。特に、普通科部隊では、軽装甲機動車（四倍）、高機動車、輸送ヘリなどが増強され、機動力が強化される。

海自では、基幹部隊の四個護衛隊群は維持されるが、地域配備の護衛艦部隊（七個隊）は五個隊に、潜水艦部隊（六個隊）は四個隊（艦艇数は維持）に、哨戒機部隊（一三個隊）は、九個隊に、それぞれ集約される。

だが、この中で大型護衛艦の建造が行われる。〇六年度からは、「ヘリ搭載護衛艦」（18DDH）の二隻目建造に着手するが、この護衛艦はいわゆる「ヘリ空母」だ。基準排水量一万三五〇〇トン（満載排水量一万八〇〇〇トン）という、海自ではすでに就航している補給艦（排水量一万三五〇〇トン）に次ぐ大型艦だ。このような大型艦の建造が、いうまでもなく、海外展開を想定していることは明らかだ。

空自では、戦闘機部隊、航空輸送部隊などは維持されるが、作戦用航空機（約四〇〇機）は約三五〇機に、その中の戦闘機（約三〇〇機）は、約二六〇機に削減される。一方、空中給油・輸送部隊（一個飛行隊）が新設され、パトリオットの能力向上、新レーダーの整備などのミサイル防衛関連が増強される。

見てのとおり、もっとも再編が大きいのは、陸自の部隊だ。「検討会議」では、これを「対機甲戦から対人戦闘への防衛力設計の重点のシフトと部隊の配備」といい、陸自の師団・旅団を「普通科部隊等に重点を置く低強度紛争に有効に対処し得る設計（LICタイプ＝即応近代化作戦基本部隊）とすることを基本」とするという。

LICとは、すでに見てきたように、米軍のいう低強度紛争のことである。つまり、このL

IC対応型の「即応近代化部隊」が、この再編の基本になるということだ（北海道の従来の部隊を「総合近代化部隊」という）。

こうして、新大綱策定下の新中期防の所要経費は、約二四兆二四〇〇億円という巨大な額に上っている。また、編成定数は、一六万人が一五万五千人に減るが、常備自衛官定数では一四万五千人が一四万八千人に増員される。この編成定数五千人の削減分は、即応予備自衛官であり、一万五千人から七千人に削減される。

この新大綱の策定で見逃してはならないのが、「基盤防衛力構想」の廃棄だ。新大綱では、「今後の防衛力については、新たな安全保障環境の下、『基盤的防衛力構想』の有効な部分は継承しつつ、新たな脅威や多様な事態に実効的に対応し得るものとする必要がある」というが、事実は、この破棄である。

これについて「検討会議」では、「基盤的防衛力構想の見直し」という項目を設けて、「我が国の防衛力は即応性や機動性をもって、各種事態に有効に対処」することが求められており、「新たな脅威や多様な事態に対して有効に対応し得る防衛力を保有」することを重視すべきであるといい、事実上、基盤的防衛力構想の破棄を宣言している。

この基盤的防衛力構想について、なぜ明確に破棄を言えないのか。これはその破棄を明確にした場合、周辺国による対抗的軍拡が生じるからだ。

基盤的防衛力構想に対比するのは、所要防衛力構想である。これは文字通り、対象国・仮想敵国の軍事力に、対抗する軍事力を建設していくものだ。つまり、ここでは明言されていないが、新大綱の改定の大きな理由は、この所要防衛力構想への転換なのだ。実際、「新たな脅威や多様な事態」という名目で増強される軍事力は、後述するミサイル防衛を含めて、まさに底知らずの軍拡になるのだ。筆者のこの危惧は、残念ながら現実のものとなっている。新大綱の新脅威論や海外派兵常態化のもたらすものは、日本の限りない軍拡なのである。

緊急投入される中央即応集団

さて、この新大綱および新大綱にもとづく新中期防で、新設されるのが中央即応集団だ。中央即応集団（仮称、CRF＝セントラル・レディネス・フォース）とは何か。その任務は、すでに見てきたが、陸自方面隊による対テロ・ゲリラ・コマンドウ作戦に対して、陸自中央から緊急投入される部隊であり、海外派兵のために準備される専門部隊であるということだ。

この部隊は、機動運用部隊、各種専門部隊から編成され、陸自中央で管理・運用し、一元的な指揮の下、事態発生時には、各地に迅速に戦力を提供するという(『陸上自衛隊改革の方向』)。

その部隊編成は、司令部(陸将)の下、空挺団・特殊作戦群・緊急即応連隊(仮称)・ヘリ団、化学防護隊・国際活動教育隊(仮称)からなり、このうち緊急即応連隊・国際活動教育隊が新編される。

中央即応集団は、〇六年度から、人員三二〇〇人で設置される予定だ。司令部の指揮官・陸将は、陸自では初めて「司令官」と呼称され、防衛庁長官の直轄部隊となる。中央即応集団の配備は、在日米軍基地の置かれている座間が予定されている。この座間には、日米安保の「中間報告」では、米第一軍団司令部を改編した「統合作戦司令部」(UEX)が置かれる予定である。つまり、在日米軍座間基地への陸自中央即応集団と米統合作戦司令部の設置は、アジア太平洋での周辺事態発生時などに、日米共同作戦を行うことが予定されているということだ。

この中の緊急即応連隊は、当初は米軍相模総合補給廠に置くことが予定されていた。だが、市の反対で取りやめになり、宇都宮駐屯地に置くことが検討されている。また、この部隊の新編も、人員のやりくりがつかず、既存の普通科連隊を緊急即応連隊に指定するなどの方策が検討されている。

さらに、国際活動教育隊は、国際活動の計画、訓練などを一元的に受け持ち、隊長以下八〇人で構成され、静岡県の駒門に置かれる予定である。

新大綱・新中期防でもう一つ行われる再編が、統合幕僚会議だ。新中期防では、「統合運用を基本とする体制を強化するため、既存の組織等を見直し、効率化を図り、統合幕僚組織の新設及び各幕僚監部の改編を行う」、「統合幕僚学校の改編、統合演習の実施、情報通信基盤の共通化等を行う」としている。

これについて「検討会議」では、「陸・海・空三自衛隊を有機的、一体的に運用し、自衛隊の任務を迅速かつ効果的に遂行するため、統合運用体制を強化する必要がある」「防衛庁長官の指揮命令について新統合幕僚長を通じて一元的に実施する体制を構築するため、中央組織や人的・物的資源配分について抜本的に見直すこととする」という。

この統幕の再編は、すでに〇六年三月にスタートした。統合幕僚会議は廃止され統合幕僚監部に、統合幕僚会議議長は廃止され統合幕僚長に改編された。これで防衛庁長官の指揮命令は、今まで各幕僚長を通じてなされていたが、統合幕僚長が一元的に行うこととなった。つまり、統合幕僚長は、長官を直接補佐し、長官の指揮命令は、単一自衛隊の運用であっても、統合幕僚長を通じて実施される。

従来、陸海空の幕僚監部が、予算や人員の取り合いで角をつき合わせてきたことは、周知の事実だ。新大綱にもとづく自衛隊の大再編は、三幕の今までのような縄張り争いを許さなくなったということだろう。だが、これだけが現在、統合運用が声高く唱えられている理由ではない。

この最大の理由は、日米共同作戦の強化だ。つまり、統合部隊として共同演習に参加する米軍に対して、自衛隊の陸海空バラバラの参加では、本当の共同演習にはならない、というものだ。すでに見た、在日米軍座間基地に新編される予定の統合作戦司令部も、アメリカの統合軍だ。この米統合軍と共同作戦を行うには、自衛隊もまた、統合部隊・統合司令部を形成する必要があるというのだ。

いずれにしろ、この統合運用の強化を含めて、現在の自衛隊の有り様は、米軍への徹底した融合以外にはあり得ないところに行きついているのである。

今なぜ中国脅威論か？

今メディアでは、中国脅威論が盛んにキャンペーンされている。自衛隊の中国脅威論と軌を一にするかのように。

民主党前代表の前原誠司、外務大臣麻生太郎という、政府、野党の首脳もまた、この「中国の現実的脅威」を喧伝し、これに歩調を合わせているかのようだ。だが、本当に中国の軍事力は、脅威なのか？　この中国脅威論の背景には、別の意図があるのではないか？

この中国脅威論を最近、もっとも強調しているのは、アメリカ国防総省だ。すなわち、同省の年次報告「中国の軍事力」（〇五年版）は、以下のようにいう。

「中国人民解放軍（以下、中国軍）は、戦力の近代化を進めているが、中でも中国周辺域における短期で高強度の紛争を戦い、勝利する態勢を整えることに力を入れている。中国軍の近代化は、中央指導部の要求にこたえ、台湾有事シナリオに対する軍事的選択肢を可能なものとするために、一九九〇年代の後半以降、加速している。

短期的には、中国は台湾の独立防止、あるいは中国の言い分通りの解決法を交渉するよう台湾を屈服させる試みに焦点を当てているように思われる。その次の目標は、米国を含む第三国の干渉に対処できる戦力の保持である。……長期的に見て、現在の傾向が続けば、中国軍の能力は東アジア地域で活動する他の近代的な軍に、確実な脅威をもたらすものとなり得る」

つまり、アメリカ国防総省は、中国軍の急速な近代化を新たな脅威と見なし始めたのである。

これは、今年（〇六年）の同省の「四年ごとの米国防計画見直し」（QDR）でも、中国は「米国にとって軍事的に最大の潜在的競争国」と位置づけ、「将来、（中国などの）新興国が敵対する道をとる危険に対し、米国と同盟国は防御措置をとらねばならない」と、さらに強調されている。

ところで、この新たな脅威とされる中国軍事力の規模・戦力とは、どのようなものか。アメリカや自衛隊が強調するのは、その軍事費の伸び率（毎年一〇％程度）と空軍力・海軍力の増強である。

例えば、この中国空軍力だが、確かにロシア製の最新戦闘機Ｓｕ―27／30を保有し始めている。だが、その戦闘機の大半は、旧ソ連の第一世代、第二世代の戦闘機（Ｍｉｇ19・Ｍｉｇ21）などの旧式戦闘機だ。これは、中国海軍の戦力についても同じことが言える。

先のアメリカの年次報告でも、「中国が周辺域を越えて通常戦力を投射する能力は、限定的である」と結論づけている。いわば、中国が形成しつつある軍事力とは、その沿岸防空・沿岸海域での限定された戦闘力でしかない。

政府も国会では、「中国人民解放軍の戦力については、規模は世界最大であるものの、旧式な装備も多く、火力・機動力等において十分な武器などが全軍に装備されているわけではないため、核・ミサイル戦力や海・空軍力の近代化が推進されていると認識している」と答えている（「衆院議員・照屋寛徳君提出、中国脅威論に関する質問への答弁書」〇六年一月三一日）。

ここで明らかなのは、現在の中国脅威論は、ことさら中国の軍事力を強調して、その危機を煽っていることだ。つまり現在のアメリカ、日本での中国脅威論の実体は、米軍部、自衛隊軍部による冷戦後の脅威の喪失の中での、「新脅威論」のでっち上げであると言えるのだ。

例えば、尖閣諸島をめぐる問題でも、中国側が何らかの政治的・軍事的行動を起こしているわけではない。あるいは、東シナ海の海底に眠る天然ガス資源の開発問題についても、確かに中国が開発に着手しているとはいえ、この範囲は日本の排他的水域外であり、日本との間で充分に話し合いや共同開発は可能だ。

にもかかわらず自衛隊は、この海域での偵察活動などの軍事行動を強め、かつ前述してきたような離島防衛作戦を強化して、中国を挑発しているのである。

もっとも中国側が、台湾独立問題に対して、台湾に牽制的な行動をとっていることは明らかだ。そして、この台湾と同盟関係にあるアメリカが、台湾の軍事力強化に力を入れていることも明白である。だが、このようなアメリカの行動は、台湾を含むアジアの平和に役立っているとは言えない。とりわけ、日本とアジアの歴史的・現在的関係からして、日本はこのようなアメリカに追随することなく、独自の平和政策をとることが求められている。

そして現在、日本の貿易額に占める中国との貿易額のシェアは、二〇%を超え、これまで日本の最大の貿易相手国であったアメリカをも上回ろうとしている。今や日本企業にとって中国は、生産拠点としての役割に加え、販売市場としての位置付けも高まっている。この日本にとっては最大の貿易国である中国に、なぜ今「脅威」を唱え始めたのか。

この理由は、やはりアメリカにあることは間違いない。アメリカは、この日本の最大貿易国となった、言い換えれば、世界最大の生産拠点の一つになりつつある中国を、アジア太平洋における自らの覇権の確保のためにも、封じ込めておきたいのだ（中国の年間の輸出入総額は、約一二〇兆円。一兆ドル前後とみられる日本を抜き、アメリカ、ドイツに次ぎ、世界第三位になることは確実）。

つまり、中国脅威論を必要としているのは、アメリカの軍部であり、軍産複合体である。テロ脅威論、大量破壊兵器の脅威論――地域紛争脅威論、これらをいくつ並べてみても、旧ソ連に代わるアメリカの脅威にはなり得ない。そして、アフガンからイラクへと続く戦争政策も、その破綻が明白に見え始めたのだ。ここに、新大綱、日米安保の「中間報告」をはじめとする、新「中国脅威論」、対中抑止戦略の発動の意味がある。すなわち、新冷戦の始まりなのだ。

このアメリカの対中抑止戦略に飛びついているのが、自衛隊である。彼らもまた、冷戦後の脅威の喪失の中で、新しい「敵」を求めていたのだ。なぜなら冷戦の終了は、自らの軍事力の大幅な削減をもたらすことは必至だからである（九〇年代、冷戦終了後の「平和の配当」を求めて削減された米軍事費は、およそ二五％にも上る）。

そして、この自衛隊――軍部として登場しつつある自衛隊制服組――の策謀に乗っているのが小泉政府・自民党だ。小泉の対中国問題での外交は、この中国脅威論・中国敵視政策そのものである。

小泉の靖国参拝問題にみる言動は、もはや常軌を逸している。ここには敗戦後、A級戦犯を処罰することを通して、つまり、極東軍事裁判を受けいれることによって、国際社会、とりわけアジアへの復帰（国交回復）を認められた、戦後日本の根本的有り様も否定されているのだ。アジア太平洋戦争での、侵略と大量殺戮、非道な植民地支配への日本の真摯な反省・総括なしに、中国・韓国・北朝鮮をはじめとしたアジアとの、未来への平和も友好もあり得ないのである。

フランスのある戦略家の、次のような言葉は「脅威論」というものの本質を表しているのではないだろうか。

「脅威とは、暗闇の中で、そこにいない真っ黒な猫を探すようなものだ」

第5章　新安保体制下の自衛隊

空自のパトリオット（ＰＡＣ２）

アメリカの対中抑止戦略

前章までにおいて、今日の自衛隊の対中国戦略、とりわけ新大綱による対中国戦略の位置付けを見てきた。この章では、日米安保再編の「中間報告」による対中国戦略、そして、その下での自衛隊の今後の動きを検討しよう。この新大綱・日米安保再編「中間報告」の背景にある戦略を掴む場合、現在のアメリカのアジア太平洋戦略を把握することが必要だ。

アメリカのアジア——中東——世界戦略については、〇六年二月、米国防総省が発表した「四年ごとの国防計画見直し」（QDR）が公表されている。

QDRとは、米国防総省の中長期的な戦略文書であり、国家安全保障戦略を受けた形で兵力構成など、米軍全体の約二〇年後のあり方を青写真としてまとめたものだ（四年ごとの議会への提出が定められている）。

QDRは、まず九・一一事件以降、米軍は戦時状態にあり、対テロ戦争など過去の戦争と著しく異なる戦争を続けているとしている。またこの戦争は、軍事力のみでは勝利できない何年にもわたる、冷戦並みの労力を有する「長期戦争」になるとし、今後の作戦は、国家の正規軍ではない敵に対する「非正規戦争」として位置付けられ、この分野に比重を移すことを謳っている。

そして、「敵は、変則型、破滅型、混乱型の攻撃を含む非対称的な脅威」を引きおこす可能性が高く、国家防衛戦略を作戦運用する上での優先事項は、①テロネットワークの破壊、②米国本土の防衛、③戦略的岐路にある国家群に対する選択肢の提供、④敵対国家や非国家による大量破壊兵器(WMD)の保有と使用、という四本柱を挙げている。

この対テロ戦争のためには、特殊作戦部隊要員の一五%増員のほか、無人機飛行大隊の新設、心理作戦と民生・復興部門要員の三三%増員などを必要とするという。

さらに、インド、ロシア、中国を含む台頭する大国がどのような選択肢をとるかは、国家安全保障を決定づける主要な要因としている。

中国については、「米国と軍事的に競争する潜在能力が最も高い。中国は、国境を越えて戦力を投影する能力を高める目的で、武器や能力に対する投資を続けている。将来、中国などの新興国が敵対する道をとる危険に対し、米国と同盟国は防御措置をとらねばならない」と、その警戒感を露わにしている。

問題は、このQDRの中国への対抗・警戒だ。つまりこのQDRは、対テロ戦争の強化とともに、明確に対中国脅威論、対中国戦略の強化を打ち出したのだ。

具体的には、米空母攻撃群一一個群のうち、六個群（現一二個群の一個は削減）、米潜水艦部隊六割を太平洋に配備するとして提起している。つまりこのＱＤＲでは、米海軍の半数以上が太平洋に配備されるという、太平洋シフトが提起されているのだ。これはアメリカは、今後二〇年間、アジア太平洋重視戦略を取るということであり、明確に対中国を意識したものだ。すなわち、これは対中抑止戦略の発動であり、新冷戦への移行ということなのである。

ところで、前回〇一年のＱＤＲでは、大規模軍事競争、地域紛争、国際テロなどの問題を抱えている、中東から朝鮮半島までのユーラシア大陸とその沿岸部を、「不安定の孤」と規定し、ここに安全保障の重点をおくとする計画を発表していた。いわば、この前回のＱＤＲにおいて、米軍の重点は欧州からアジア太平洋にシフトされたわけだが、この段階ではまだ、対中国シフトは打ち出されてはいなかった。つまり、今回のＱＤＲの重点、見直しの柱が対中国であったということである。

そして、このＱＤＲは最後に、太平洋における同盟国として「日本、オーストラリア、韓国」と、日本を一番目にあげ、米国だけではこの戦争に勝てないので、同盟関係の強化と共通の安全保障上の脅威に対する行動を促している。

いずれにしても重要なのは、対中国シフト、対中国抑止を戦略としたこのＱＤＲが、〇四年の日本の新大綱策定と、〇五年の日米安保再編の「中間報告」に明確に反映されたということだ（本来、「四年ごとの見直し」とされる今回のＱＤＲは、〇五年中に発表される予定であったが、なぜか大幅に遅れて発表された。）

日米安保再編の「中間報告」

このような米国防総省のＱＤＲを媒介に、〇五年一〇月二九日発表の「日米同盟『変革と再編』中間報告」（以下、「中間報告」と略す）を分析するなら、その背景にある戦略は明確だ。

ここでは冒頭、「日米同盟は、日本の安全とアジア太平洋地域の平和と安定のために不可欠な基礎」といい、日米安保の適用範囲を「極東」から「アジア太平洋」地域に拡大していることが確認されている。これは、一九九六年の「日米安保宣言」以来の新安保体制とも言える。だが、ここでなされているのは、九六年とは決定的に異なり、米統合作戦司令部の日本への前進配置などの実戦的安保体制の再編である。これはのちほど検討しよう。

この問題と合わせて重要なものが、冒頭に記述されている「閣僚は、共通の戦略目標の理解に到達」という文言だ。この「共通の戦略目標」という言葉は、この「中間報告」はもとより、政府・外務省・防衛庁など、どこからも説明されていない。「中間報告」のもっとも根本にある「戦略目標」、特に、アメリカ側との共通の理解に到達したとされるそれが、なぜ説明されないのか。これでは「中間報告」が現在、なぜ取りまとめられたのか、不鮮明である。

しかし、この不鮮明さ、曖昧さは、やはり次の言葉の記述に関連している。すなわち「中間報告」は、「閣僚は、アジア太平洋地域において不透明性や不確実性を生み出す課題が引き続き存在していることを改めて強調し、地域における軍事力の近代化に注意を払う必要があることを強調した」とするこの内容であり、それに続く「新たな脅威や多様な事態に対応するための同盟の能力向上」という内容だ。

つまり、すでに触れてきたが、ここではアメリカ側は「中国が台湾を攻撃しないよう抑止する」という記述などを明記することを主張したが、日本側の要請で削除された箇所だ（〇五年二月、日米安全保障協議委員会、前述『米軍再編』参照）。

だが、削除され、抽象的に表現されているとはいえ、ここでは、新大綱やQDRにおいて見てきたように、明らかに「台湾海峡有事」への介入、対中抑止戦略が打ち出されているということだ。

すなわち、「中間報告」の冒頭にいう「共通の戦略目標に到達した」とされるその戦略目標とは、日米当局が中国脅威論を確認し、今後の日米安保体制の目標を台湾海峡有事――対中抑止戦略として形成することを承認したということだ。これは重大なことである。つまり、自衛隊はこれから、米軍との共同作戦で中台紛争に介入するばかりか、アメリカの対中軍事戦略の一翼を担うということだ。これは、一九七二年以来の、政府の「一つの中国政策」の実質的転換とも言うべきである。

この立場から「中間報告」は、「役割・任務・能力」の重点分野として、日本は「弾道ミサイル攻撃やゲリラ、特殊部隊による攻撃、島嶼部への侵略といった新たな脅威や多様な事態への対処を含めて、日本を防衛し、周辺事態に対応する」、アメリカは、「日本の防衛および周辺事態の抑止や対応のために、前方展開兵力を維持し、必要に応じて増強する」という。

ここでの「日本防衛」という記述は、枕詞だ。核心は、朝鮮半島・台湾海峡を含む周辺事態にある。ただ、ここでいう周辺事態とは、周辺事態法のいう周辺事態とは異なる。周辺事態法のいう周辺事態は、「我が国周辺地域」、政府の言明では日米安保条約のいう「極東」を指しているが、すでに「中間報告」の冒頭の記述で示したように、この範囲は、アジア太平洋地域を対象としていることだ。

さてここで、日米の「役割・任務・能力」から、弾道ミサイル、ゲリラ・コマンドウ攻撃、島嶼部への侵略に対処と明記していることは、この新たな脅威という認識、その日米共同作戦の対処が、これらの事態に適用されることを意味する。

つまり、弾道ミサイル防衛、テロ・ゲリラ・コマンドウ対処、島嶼防衛などの新大綱のいう自衛隊の新しい作戦・任務は、対中抑止戦略として重点的に提起されているということだ。言い換えれば、これまでは、これらを対北朝鮮抑止戦略としてきたのだが、これを維持しながらも、「中間報告」では、対中国へ基本的にシフトしたということだ。

こうして「中間報告」は、この立場から日米両国の防衛協力において向上すべき活動の例として、「弾道ミサイル防衛（BMD）」「テロ対策」「海上交通安全維持のための機雷掃海、海上阻止活動」「復興支援活動」「大量破壊兵器による攻撃への対応」などの一五項目を挙げている。

また、日米両国間の防衛協力態勢を強化するための不可欠な措置として、戦略・戦術の協議などの「緊急かつ継続的な政策および運用面の調整」、共同作戦計画の策定などの「計画検討作業の進展」、自衛隊と米軍の「相互運用性の向上」、「自衛隊および米軍による施設の共同使用」「弾道ミサイル防衛」など七項目を挙げる。

この日米の新しい共同任務、そして防衛態勢の強化の方向を示して「中間報告」は、今回の提起の結論である「兵力態勢の再編」を提起する。

これは概略的にいうと、横田基地への「共同統合運用調整所の設置」、キャンプ座間への「米統合作戦司令部、陸自中央即応集団司令部」の設置、府中の空自航空総隊司令部と米第五空軍司令部の「航空司令部の併置」、Xバンド・レーダー・システムの配備などの「ミサイル防衛」の展開、米軍の兵力構成強化のために海兵隊の「ハワイ、グアム、沖縄間の再分配」と「普天間飛行場のキャンプ・シュワブ海岸線への移転、建設」、そして「空母艦載機の厚木から岩国への移転」などなどである。

これらの兵力態勢の再編を概括すると、確かにマスコミのいう日米軍隊の「融合・一体化」を、急速に推し進めようとしていることが見てとれる。司令部機構・共同作戦・共同訓練・基地機能という意味で、日米軍事力はほぼ完全に一体化されるのだ。これは、新ガイドライン以来進められてきた、日米共同作戦強化の必然的帰結である。そしてこのことは、自衛隊が明確に米軍の「補完戦力」になることを意味する。「中間報告」の兵力態勢の再編の項でも、これは明記されている。「日本は、自らの防衛に主導的な役割を果たしつつ、米軍が提供する能力に対して追加的かつ補完的な能力を提供する」と。

そして、この兵力態勢の再編は、対中抑止戦略を軸にしながら、自衛隊が周辺事態、つまり、アジア太平洋地域（ときには、中東）に至るまで、米軍との共同作戦を担う軍事力として、再編・統合されることを意味する。これは、当面は米軍の兵站支援が中心だが、中長期的には、集団的自衛権を行使した、文字通りの共同作戦に移行するということだ（二〇〇〇年一〇月発表の「アーミテージ報告」参照）。

この背景にあるのは、アメリカの世界支配体制における一極支配の危機、米兵力の危機だ。

アフガンにおいても、イラクにおいても、アメリカの戦争政策は、一国だけでは遂行できなくなっている。とりわけ、イラクでのその兵力動員の危機は、一段と深刻化している。ここからアメリカは、日本、イギリスをはじめとする有志連合の徹底動員を行おうとしているのだ。つまり、日本をはじめとする米世界軍事戦略への補完的動員が、この日米安保再編の基本的目標ということである。

（註　この兵力態勢再編の中で、特に、統合作戦司令部（ＵＥＸ）の座間配備は重要だ。というのは、その改編される前の米陸軍第一軍団は、複数の師団からなる戦時に編制される軍団である。また、この軍団の歴史がそうであるように、戦時下の司令部機能の「前進配備化」がその目的である。この軍団の守備範囲は、米太平洋軍の管轄範囲と重なり、米本土西海岸からアフリカ東海岸にまで及ぶ広範囲の地域である。すなわち、「中間報告」がいう、アジア太平洋地域を遙かに越えているのだ。これは明白に、安保条約の定める極東の範囲をも越えており、安保条約自体にも違反しているということだ。）

弾道ミサイル防衛態勢

この「中間報告」における兵力態勢の再編は、いくつもの問題を持っているが、ここでは新大綱後の自衛隊の動きとの関連で、弾道ミサイル防衛、Xバンド・レーダー・システムの問題を取り上げてみよう。

新大綱および新中期防でも、弾道ミサイル防衛（MD）は、今後の防衛力整備の第一の方針に取り上げられている（これは、〇三年一二月の閣議で導入決定された）。特に新中期防では、イージス艦、パトリオットの能力向上、新たな警戒管制レーダーの整備として、具体的に取りあげられている。

この弾道ミサイル防衛は、簡単に説明すれば、飛翔する敵の弾道ミサイルを人工衛星、レーダーなどで探知・追尾し、味方のミサイルで迎撃・破壊するシステムである。これには、海上のイージス艦などからミサイルを発射する第一段階と、地上の近距離からミサイルを発射する第二段階とがある。

ミサイル防衛については、先の「中間報告」においても、「米国の新たなXバンド・レーダー・システムの日本における最適な展開地の検討」「米国は、適切な場合に、パトリオットPAC3やスタンダード・ミサイル（SM3）などを展開する」と明記している。

これについては、「中間報告」の最終合意である「再編実施のための日米のロードマップ」（〇六年五月一日）では、Xバンド・レーダー・システムの展開地として、空自車力分屯基地（青森県の空自ミサイル基地）への配備を発表した。この運用開始は、〇六年夏までに可能とされている。また、米軍のパトリオット・ミサイル（PAC3）の能力も、可能な限り早い時期に運用可能と明記している。

米軍によるXバンド・レーダー・システム、パトリオット・ミサイル（PAC3）の日本配備は、日米安保にかかわる重大な問題をはらむ。だが、マスコミのほとんどは、この問題についてまったく注視もせず、報道もしない。だから、この実態を掴むことが重要である。

さて、このXバンド・レーダー・システムとは、米軍が新たに開発したレーダー（高周波のX帯を使用）を軸とするシステムである。これは、敵の弾道ミサイルを探知・追尾することを目的とし、米軍の場合、このシステムは、移動可能なコンテナユニットで構成されている。

また、パトリオット・ミサイル（PAC3）とは、このレーダーで捉えた弾道ミサイルを最終段階で撃ち落とすパトリオットの改良型の地対空ミサイルである。これは、イージス艦に装備されたスタンダード・ミサイル（SM3）が、弾道ミサイルを海上で迎撃するのに対し、地上配備型のシステムである。

このスタンダード・ミサイル（SM3）については、横須賀配備の米イージス艦に装備され、すでに現在、日本海に展開する米海軍の任務となっていることが報道されている。

しかし、このパトリオット・ミサイル（PAC3）やスタンダード・ミサイル（SM3）の性能は、問題が大きい。これらは「飛んでくる鉄砲の弾を撃ち落とすようなもの」と言われるように、米軍によるたびたびの迎撃実験でも、数多くの失敗を重ねていることが知られている。いわば、弾道ミサイル防衛計画とは、あのレーガン政権時代のスターウォーズ計画（SDI・ミサイル防衛構想）の現代版なのだ。一九八〇年代において、防衛庁も研究開発に参加したスターウォーズ計画は、多額の研究開発費を費やした末に見るも無惨に失敗し、計画断念に追いこまれた。だが、この破綻したミサイル防衛構想について、何の責任も取らず、検証もせず、アメリカ、そして日本は、再び強引に推し進めようとしている。

弾道ミサイル防衛計画は、新中期防で見たように、自衛隊でも急速に進んでいる。防衛庁は、弾道ミサイルを探知・追尾するために、既存レーダーの改良とともに新型警戒管制レーダー（FPS—XX、周波数はL帯を使用）をすでに開発し、このうち四基を〇六年度から順次、配備するという。また、パトリオット・ミサイル（PAC3）についても、〇六年度から部隊配備の予定であり（当面、入間・岐阜・春日の三個編成）、次世代型スタンダード・ミサイル（SM3）もまた、〇七年度に配備される予定である（四隻のイージス艦に配備）。

さらに、弾道ミサイル防衛のための、新型バッジシステム（自動警戒管制組織）の導入も近く予定している。これは、警戒管制部隊、早期警戒機E—2Cなどから得られる情報を統合するものであり、これらの部隊には、弾道ミサイル防衛のための早期警戒任務が付与されることになる。

こうした計画のために、〇六年度の防衛庁予算案では、ミサイル関連で一三九九億円が計上され、弾道ミサイル防衛関連の最終経費は、一兆円を遙かに超えると言われている。

こうして、急速に進行する在日米軍および自衛隊の弾道ミサイル防衛は、すでに日米の共同作戦司令部を設置する段階に至っている。

先の「中間報告」では、横田基地に在日米軍司令部と自衛隊の「共同統合運用調整所」を設置することが謳われており、この調整所は弾道ミサイル防衛の司令部機能をも兼ねることが予定されている。このために、「中間報告」では、空自航空総隊司令部（府中）を横田基地に移駐し（一〇年度）、米第五空軍司令部との共同の「航空司令部」を作ると明記されている。これは、日米の「共同統合作戦センター」になると言われている。

発動される集団的自衛権

この弾道ミサイル問題でもう一つ重要なことが、昨年（〇五年七月）改定された自衛隊法である。これは、海上警備行動を定めた自衛隊法八二条の改定であり、「弾道ミサイル等に対する破壊措置」として定められたものだ（同法八二条の二）。

これによれば、弾道ミサイル発射の、①事前の兆候がある場合、長官は首相の承認を得て部隊に対して我が国領域、または公海上空で破壊を命じる。②事態が急変し、首相の承認を得るいとまがない場合、長官は首相の承認を受けた緊急対処要領に従い、あらかじめ部隊に対し、期間を定めて破壊措置を命令できる、とするものだ。

つまり、この自衛隊法改定が狙ったのは、弾道ミサイルの迎撃・破壊のための自衛隊出動については、第一線の部隊指揮官にその出動権限を委ねたことである。言い換えれば、この自衛隊の出動権限、すなわち「戦争の引き金」を制服組に譲り渡したのだ。これは政府がついに、自衛隊出動について、自らシビリアンコントロールを放棄した重大な出来事だ。

このことは、筆者一人だけの危惧ではない。実際に想定してみても分かることだ。弾道ミサイルの発射という事態は、日本と周辺国との間で、「戦時的急迫」という情勢、あるいは戦時下そのものの情勢において起こることが、明確に予測される。例えば、この戦時的急迫という情勢の中で、制服組の独断で弾道ミサイル防衛部隊の「出動」が行われたとするなら、周辺国との緊張を一層激化させ、戦争自体の引き金を引くことになりかねないのだ。しかも後述するが、この対象国からの弾道ミサイルは、どこに向けて発射されたのか、ほとんど判断できない。

弾道ミサイル防衛にかかわる重要な問題は、こればかりではない。この日米共同統合作戦センターの設置を契機に始まる、日米の弾道ミサイル防衛共同作戦は、日本国憲法、日米安保条約が禁じる集団的自衛権を完全に逸脱するものだ。

例えば、北朝鮮から一〇分前後で日本に到着するという、いわゆる「テポドン2」などの弾道ミサイルが、日本に向けて発射されたものか、アメリカ本土に向けて発射されたものか、この判断は不可能だ。仮にこれが発射されたとするなら、日米のミサイル防衛部隊は、すべてのミサイルを迎撃・破壊することになる。つまり、日米の弾道ミサイル防衛部隊は、「米本土防衛」という任務をも課せられるということだ。したがって事実上、集団的自衛権を行使することになる。これは、「中間報告」の地理的範囲の拡大とともに、安保条約さえも完全に逸脱した違法な計画である。

それだけにはとどまらない。すでに見てきたように、この弾道ミサイル防衛の目的は、対北朝鮮だけではない。今回の日米安保再編の目的がそうであるように、弾道ミサイル防衛の目的も、中国の弾道ミサイルからの防衛が核心にある。つまり、近代化する中国の弾道ミサイルに対し、日米の共同作戦を行うことが、この目標なのだ。いわば、この日米安保再編のもう一つの核心的目的は、「対中〝核〟抑止戦略」の発動と言えるのである。

そして、中国は、この日米の弾道ミサイル防衛に反対を表明している。これは当然、中国による「対抗的弾道ミサイル防衛システム」の構築ということになる。

結論すれば、今日の自衛隊の弾道ミサイル防衛の導入は、日米中を中心とする東アジアの

「ミサイル軍拡競争」を決定的に促進するということだ。そして、このミサイル軍拡競争は、先述した新中国脅威論、対中抑止戦略と相まって、東アジアの全面的軍拡競争を引き起こすことは明らかだ。

冷戦時代の米ソの核軍拡競争の中では、ABM条約（迎撃ミサイル制限条約）が締結され、双方で迎撃ミサイルの開発・配備を制限していたことは、記憶に新しい。だが、ブッシュ政権は、二〇〇二年六月、ついにこのABM条約を廃棄してしまった。そして現在、アメリカは全力で弾道ミサイル防衛計画に乗り出した。このアメリカの、新たな軍拡競争である対中核抑止戦略――新冷戦戦略に、ドップリとつかっているのが日本政府・自衛隊である。

発射基地を叩けと公言する制服組

危惧すべきことは、他にもある。現在、財界や制服組の間で、「専守防衛」の破棄が叫ばれ、弾道ミサイルの発射基地を叩くことが公言されていることだ。

〇五年四月六日に発表された、「日本戦略研究フォーラム」の「専守防衛に関する提言」がこの一つだ。

ここでは、「脅威の様相が大幅に変化し、相手から攻撃があって初めて対処するという専守防衛の考え方では、防衛をまっとうできない」として、①国の防衛に関する基本方針や防衛大綱などで「専守防衛」という用語の使用中止　②核ミサイルを確実に要撃し、状況に応じて敵ミサイル基地等を攻撃できる能力・体制の整備　③生物化学兵器などのテロ攻撃に適切に対処する能力と米国との協調した整備、という提言がなされた。この提言は、同年初めに防衛庁長官にも提出された（〇五年四月一四日付『朝雲』）。

この「専守防衛を破棄せよ」という要求をどう見るべきか。海外派兵が常態化し、新大綱などでアジア太平洋地域へ行動範囲を拡大した自衛隊にとって、必然と見るべきか。そうも言えよう。だが、ここで言われていることは、もっと具体的な自衛隊の攻撃戦略への転換だ。すなわち、敵ミサイル基地を攻撃できる能力・体制（渡洋攻撃能力）ということなのだ。

この提言を行ったのは、同フォーラム会長の瀬島竜三などのタカ派財界人とともに、元陸幕長・永野茂門（同理事長）、元陸幕長・冨沢暉、元海幕長・福地建夫、元空幕長・村木鴻らの制服組のトップであった人々である。つまり、自衛隊首脳であったそうそうたる人物たちが、その権威をカサに、防衛庁・自衛隊に要求しているのだ。

このような要求が、最近の弾道ミサイル防衛に関連する政府、マスコミの動きと連動しつつあるとき、それは恐るべきことになる。そしてこのような要求は、これらの元制服組だけではない。現役からも出始めているのだ。

『陸戦研究』(〇四年八月号)では、上野清昭二等海佐による「ポスト冷戦後の米国の国防戦略と我が国のあり方」という論文が発表されている。ここで上野は、日米安保を維持強化し、我が国の国益を保護するため、日米安保を改定し、その適用範囲をアジア太平洋地域に拡大すべきだとした上で、以下のようにいう。

「国際社会は、軍事紛争のみならずテロ活動等の不法活動に対しても多国間協力によって対応する方向に進んでおり、個別的自衛権のみでこのような情勢には対応できない。……憲法による制約を理由に、日本が軍事色の強い安全保障上の役割を担うことに消極的なことは、米国に不満を抱かせる要因となっている。……したがって、自衛権行使に関する政策は、我が国の安全保障という国益に立脚した視点から確立する必要がある」

上野がここで明確にいうのは、冷戦後の日米共同作戦の対象地域の拡大であり、このための集団的自衛権の行使である。また、この集団的自衛権行使を必要とするのは、「海外における武力行使等の我が国の制約を早期に解決するため」(同論文)であるという。しかし、上野の要求は、これだけにはとどまらない。

「他国からの我が国に対する武力攻撃がWMDを弾頭とする弾道ミサイルによるものである場合、我が国が被る被害の大きさは莫大なものとなる。この場合、策源地を攻撃することは、現状でも自衛の範囲内である。しかし、現在自衛隊は、敵基地を攻撃する能力を保持していないことから、弾道ミサイル防衛システムの導入とともに策源地攻撃能力を装備することが、我が国に対する攻撃の抑止を確実なものとすると言える」（同号）

ここでは、事実上、専守防衛政策の破棄が要求されている。しかも上野の要求は、さらに上を行く。上野が要求するのは、敵弾道ミサイル基地を「自衛の範囲」として攻撃すること、つまり、自衛隊の渡洋攻撃能力の形成である。

この上野のいう、敵の弾道ミサイル基地の攻撃を「自衛の範囲」という主張は、すでに防衛庁長官の国会答弁でも言われている。すなわち、「例えばミサイル基地等による攻撃を防御するために、ほかに手段がないと認められる限り、ミサイル基地をたたくということは、法理的には自衛の範囲に含まれ、可能である」（〇二年五月二〇日、衆議院・武力攻撃事態への対処に関する特別委員会での中谷元答弁）と。

結論をいうなら、弾道ミサイル防衛計画は、日米中間のミサイル軍拡競争を引き起こすばかりか、自衛隊の根本的変質を招きつつあるということだ。つまり、戦後の防衛・軍事政策の国是であった専守防衛政策からの転換であり、自衛隊の攻撃型戦力への転換だ。そして、この弾道ミサイル防衛計画は、膨大な防衛予算が投入されることにより、防衛費のなし崩し的拡大を引き起こすことは明らかである。

強権的な米軍基地の押しつけ

弾道ミサイル防衛計画による防衛費のなし崩し的拡大とともに、重視すべきことは安保再編「中間報告」の兵力再編での、膨大な経費だ。すでに報道されているとおり、この全経費は三兆円にも上ることが明らかになっている。しかもこの経費は、在沖米海兵隊のグアム移転費用約七〇〇〇億円をも含むのだから、言うべき言葉がない。

日本は、現在、いわゆる「思いやり予算」を毎年、膨大に米軍に支払っている。これは、「受け入れ国支援」（HNS）といい、〇三年度の米国防総省報告によると、総額約四六億ドルという。この内容は、直接支援約三四億五千万ドル、間接支援約一一億五千万ドルで、米軍基地の労務費、光熱水料費をはじめ、膨大な在日米軍基地の経費を支払っているのだ。

この日本の「思いやり予算」がどれほどの規模かは、米軍基地を置いている他国と比較してみれば明らかだ。例えば、韓国は約八億五千万ドル、ドイツは約八億六千万ドル、イタリアは約三億ドル、イギリスは約一億三千万ドル（いずれも〇三年度）で、日本のそれはまさしく突出しているのだ。

つまり、アメリカにとっては、米本土に基地を置いておくよりも、日本に駐留していた方が費用が格段に安くなるというわけだ。しかし、例えばフィリピンからの米軍撤退問題で露わになったように、日本における米軍駐留の経費は、在日米軍基地の土地代を含めて、アメリカ側が支払うべきものだ。それどころか、「思いやり予算」の名目でこれだけの膨大な費用を支払っているとは、日本国民は愚弄されているのもいいところと言うべきだ。

これに加えて、この「中間報告」の兵力再編による膨大な経費である。とりわけ沖縄駐留米軍のグアム移転は、米軍の対中抑止戦略を含むトランスフォーメーションの一環である。つまり米軍は、アジア太平洋地域戦略にのっとり、軍事的再編を行っているのであり、日本・沖縄側の要求は、きっかけにすぎないのだ。にもかかわらず「思いやり予算」に加えて、この移転経費の支払いまで行おうというのだ。現在、政府は、膨大な財政赤字のもとで消費税の値上げを含む大きな負担を国民に押しつけようとしている。このような中でのこの軍事費の膨大な押しつけは、厳しい批判を生むだろう。

また、このような膨大な財政負担とともに、兵力再編の名の下で沖縄をはじめとする各地域への米軍基地などの押しつけは、全国的な民衆の憤激を生じさせることは疑いない。この兵力態勢の再編による米軍基地の強化拡大、すなわち政府の強権的軍事基地強化政策は、間違いなく日米安保体制の根幹を揺るがす民衆の闘いを引き起こすだろう。

第6章　戦時態勢下の自衛隊

自衛隊の化学防護訓練

確立された有事態勢

二〇〇五年一一月二七日、福井県において「原発テロ」を想定した、初の国民保護法下の実動訓練が行われた。これは、マスコミで大きく報道されたので、読者の方も記憶に新しいと思う。

この訓練は、「国籍不明のテロリスト」が、関西電力美浜原発を迫撃砲で攻撃し、放射能漏れの危険性が高まったという想定で行われた。これには、地元住民をはじめ、国や県、自衛隊、民間企業など一四〇機関が参加した。そして訓練は、福井県知事、首相官邸の内閣危機管理監らが現地対策本部を設置し、美浜原発の半径三キロ以内が域外避難地域に指定された。これに自衛隊は、自動小銃で武装した二四人が出動し、軽装甲車六台で避難を誘導するという行動を起こしたのだ。

これに先立ち、同年一〇月二八日には、埼玉、富山、鳥取、佐賀の四県が主催した国民保護法下の図上演習も行われている。訓練は、この四県で「同時多発テロ」が発生し、緊急事態が発生したとの想定で、日本赤十字社、在京報道機関など七社が参加して行われた。この内容は、国民保護法下の包括的な対処要領を検討したという。

原発をテロリストが迫撃砲で攻撃、同時多発テロが発生――このような訓練が、国や県、自衛隊、そして住民を巻き込んで大真面目に行われていることに、多くの市民は驚きの声を上げるかも知れない。原発が攻撃されてこんな程度の避難で大丈夫か。あるいは今なぜ、こんな訓練が必要なのかと。

国民保護法の制定は、〇三年の有事法制三法、また、〇四年の事態対処法制七法三条約の成立によってなされている。有事法制三法というのは、武力攻撃事態法、安全保障会議設置法改定などの法律だ。また、事態対処法制七法というのは、国民保護法、武力攻撃事態における米軍支援法、武力攻撃事態における捕虜等の取扱に関する法律などだ。

〇三年六月に成立した武力攻撃事態法は、周知のように、武力攻撃事態、武力攻撃予測事態、緊急事態などへの対処方針を定め、二年以内に事態対処法制の計画的整備を行うことを定めている。有事法制の中でも、この武力攻撃事態法は、中心ともいうべき包括的法律である。

ところで、この武力攻撃事態法がいう「武力攻撃事態」は、現実的には想定されていない。というのは、新大綱においても、すでに日本の着上陸侵攻などの本格的侵攻は、ほとんどないとしているからだ。つまり、この武力攻撃事態法や、のちに見る国民保護法が現実的に想定しているのは「武力攻撃予測事態」である。

これは、「武力攻撃事態には至っていないが、事態が切迫し、武力攻撃が予測されるに至った事態」（同法第二条の三）と定められ、「周辺事態は我が国にとって武力攻撃の事態が緊迫し、武力攻撃が予測されるに至った事態」（〇二年四月四日、衆院安保委員会での中谷防衛庁長官の答弁）であるから、この武力攻撃予測事態とは、現実的には、周辺事態法の定める「周辺事態」であるということだ。言い換えれば、この武力攻撃事態法以下の有事法制制定の実際的狙いは、周辺事態であるということだ。

なお、武力攻撃事態法には、後から「緊急対処事態」という概念が組み込まれた（同法二五条）。ここでは、「武力攻撃の手段に準ずる手段を用いて多数の人を殺傷する行為が発生した事態又は明白な危険が切迫している事態」と定めている。しかし、ここでも想定されているのは、やはり周辺事態下の緊急事態である。

これは、この武力攻撃事態法が、一九九七年の新ガイドラインの制定、九九年の周辺事態法の制定に続いて、アメリカ側からの要求も含めて成立したことから明らかだ。また、新大綱や日米安保再編の「中間報告」でも、この周辺事態への対応が大きな軸になっている。

国民保護法体制とは

こうした武力攻撃事態法の成立を受け、〇四年六月には国民保護法が制定された。これは、武力攻撃などから「国民を守るため」に、国・都道府県などの対処方針、住民の避難などの措置を定めたものだ。そして、この国民保護法制定に続いて、政府は〇五年三月、「国民の保護に関する基本指針」（以下、「基本指針」と略す）を策定した。この「基本指針」をもとに、国民保護法とは何かを検討してみよう。

まずここでは、武力攻撃事態についての想定される四つの類型が示されている。第一は、「着上陸侵攻」、第二は、ゲリラ・特殊部隊による攻撃、第三は、弾道ミサイル攻撃、第四は、航空攻撃である。

このうちの着上陸侵攻、航空攻撃については、すでに述べたように、新大綱でも可能性はほとんどないというのであるから、問題は、ゲリラ・特殊部隊の攻撃、弾道ミサイル攻撃である。つまり、新大綱のいう「新たな脅威や多様な事態」だ。

ところで、「基本指針」では、これらの事態に加えて「武力攻撃に準ずるテロ等の緊急対処事態」として、以下のように定めている（同第五章第一節）。

①危険性を内在する物質を有する施設等に対する攻撃が行われる事態
②多数の人が集合する施設、大量輸送機関等に対する攻撃が行われる事態
③多数の人を殺傷する特性を有する物質等による攻撃が行われる事態
④破壊の手段として交通機関を用いた攻撃等が行われる事態

つまり、ゲリラなどの攻撃、弾道ミサイル攻撃に加えて、この四つを国民保護法の想定する差し迫った事態だと規定している。これらは、武力攻撃事態法がいう「緊急対処事態」の概念と同一の事態でもある。「基本指針」では、これらの事態について、以下のようにそれぞれ対処方針を打ち出している。

第一は、ゲリラ・特殊部隊による攻撃の場合、都市部の政治経済の中枢、鉄道、ダム、原子力関連施設などの破壊が想定されるが、この対処については、攻撃当初は住民を一時的に屋内に避難させ、その後、適当な避難地に移動させる。

第二の弾道ミサイル攻撃の場合、攻撃目標を予測するのは困難であり、極めて短時間でミサイルが到達するので、屋内への避難やコンクリート施設、地下街などへ避難させる。ただし、これはこの弾頭が、通常弾頭の場合であり、ＮＢＣ弾頭の場合は別であるとする。

このNBC弾頭、特に核弾頭の場合、熱線・爆風・放射能の被害が考えられるとし、このうち放射能の被害に対しては、「風下を避け、手袋、帽子、雨ガッパ等によって放射性降下物による外部被爆を抑制するほか、口及び鼻を汚染されていないタオル等で保護することや、汚染された疑いのある水や食物の摂取を避けるとともに、安定ヨウ素剤の服用等により、内部被爆の低減に努める必要がある」とする。ここでは、熱線・爆風への対策は、まったく記述されていない。

さて、次に「基本指針」のいう緊急事態対処の①であるが、これは、石油コンビナートや原子力事業所等の破壊が想定されている。このうち、「武力攻撃原子力災害」については、「コンクリートの屋内に避難」することを定めている。

また、②については、大規模集客施設、ターミナル駅、列車等の爆破、③については、炭疽菌等生物剤の航空機散布、市街地へのサリン等化学剤の散布、④については、航空機等による自爆テロ、弾道ミサイルの飛来が想定されている。そしてこれらの事態の中で、生物剤による攻撃の場合は、その場所から直ちに離れ、密閉性の高い屋内の部屋、または感染のおそれのない安全な地域に避難するとしている。これ以外の避難の対処方針については、具体的には明記されていない。

この「基本指針」がいう周辺事態・緊急事態での避難は、果たしてどれほど現実性があるのか。とりわけ、都市部での避難が、困難を極めることは明らかだ。「基本指針」でも、大都市では「多数の住民を遠方に短期間で避難させることは極めて困難」であり、「近傍の屋内施設に避難するよう指示する」というほかはないのだ。最近では、アメリカ南部のハリケーンでの都市住民の避難が大問題になったが、かなり前から予測されていたこの災害でも、多数の都市住民避難は、相当困難なことが明らかになっている。

先の「基本指針」の、核爆弾避難対処方針を見てほしい。これは役人の書いた作文としか言いようがない。政府の官僚たちは、ヒロシマ・ナガサキの被爆体験から、何も学んでいないのか。放射能被爆に対して、「手袋・帽子・雨ガッパ」で対処しろと言う。放射能防護服は、高価すぎて国民には回さないということなのだろう。その前に、この核攻撃を招かない国際関係の平和的解決を作り出すことが、最優先ではないのか。

原発破壊の場合の、避難対処方針も同様だ。「基本指針」では、「攻撃当初は住民を一時的に屋内に避難させ、その後、適当な避難地に移動させる」というのだが、これもまったくの笑止というべきだ。原発の破壊・崩壊の危険性は、チェルノブイリ事故などですでに証明されている。この原発が攻撃され破壊されたとするなら、大げさではなく日本列島に人は住めなくなるだろう。全国には、都市近郊を含めて五五基の原発があるからだ。

さて、国民保護法・基本指針を具体化するために、今、様々な自治体、公共団体で、国民保護計画作りが行われている。同法では、都道府県・市町村、指定行政機関、指定公共機関に、この計画を義務づけている。

政府の発表では、指定行政機関（防衛庁などの中央官庁）は、〇五年一〇月に「国民保護計画」の作成が完了し、都道府県でも、〇六年三月末に「国民保護計画」が完了。そして、指定公共機関の一四七機関も、「国民保護業務計画」が〇六年三月末に完了しているという。さらに市町村も、このような国民保護計画の作成を義務づけられている。

つまり、この国民保護法では、都道府県・市町村はもとより、道路・水・電力・ガス・空港・運輸・電話・郵便・NHKなどの指定公共機関を含む、国民のすべてが動員されるのだ。すなわち、国民保護法という名の「国民総動員体制」が、現在、全国で急速に作られつつあるのだ。そしてこの総動員体制は、地域住民に「テロ・戦争」の危機と恐怖感を煽り、地域住民を巻き込み、「自主的」に動員してつき進んでいる。

間違いなく、都道府県などで完了した国民保護計画は、これから全国津々浦々の市長村レベルで作成される。そしてこれをもとにした、大々的な国民保護訓練が各地で行われていくだろう。そのとき訓練に参加しない住民は、「非国民」として排撃されていく。このように、現在進行している状況は、恐るべき「異常な社会状況」なのだ。

だが、このテロ・ゲリラなどの攻撃というものが、いかに作りあげられた「虚構の脅威論」

であるのか、われわれはすでに見てきた。つまり、この「虚構の脅威論」下で行われている状況、作られつつある状況とは、政府支配層の恐怖による国民の管理、いわば超管理社会であり、超治安国家であるということだ。

（註　国民保護計画の県レベルの計画の内容については、石埼学著『憲法状況の現在を観る——9条実現のための立憲的不服従』社会批評社刊を参照。）

予定される捕虜収容所

有事法制下での事態対処法制七法は、国民保護法をはじめ重要な法律が多いのだが、ここでは、そのいくつかについて簡潔に見てみよう。

まず、米軍支援法（「武力攻撃事態等におけるアメリカ合衆国の軍隊の行動に伴い我が国が実施する措置に関する法律」）は、すでに見てきたように、実際は、周辺事態下での米軍支援法だ。同法でも、第一条で「武力攻撃事態等」に米軍の行動が円滑かつ効果的に実施されるための措置などについて定める、と明記している。

この米軍支援法は、最初に、地方公共団体および事業者は、米軍の「行動関連措置」に対して協力を要請されたときは、その要請に応じるよう努めることが明記される（第五条）。また、自衛隊については、「輸送・修理・整備・医療・通信、空港若しくは港湾に関する業務、基地に関する業務」「宿泊・保管・施設の利用又は訓練に関する業務」という物品提供、役務の提供を義務づけている（第一〇条）。さらに武力攻撃事態での、米軍による土地または家屋の使用、土地の上の立木の処分（第一五条）についても定めている。

つまり、この米軍支援法は、周辺事態下での米軍に対する自衛隊の兵站支援だけでなく、民間の空港・港湾・運送機関など、すべての戦時動員を行おうとするものだ。これらの動員の規模は、西日本を中心に膨大なものになることがすでに予測されている。

ところで、この米軍支援法は、空港・港湾などの事業者に対し、強制力が働かないような規定をしているが、事態対処法の中の「武力攻撃事態等における特定公共施設の利用に関する法律」は、明確に強制力を伴うことを定めている。

すなわち同法は、港湾施設、飛行場施設、道路、海域、空域および電波については、「特定公共施設等」と定め、これらの当該施設の管理者に対し、内閣総理大臣は当該施設の利用を確保することを「指示することができる」と、強制力を持たせているのだ。また同法は、船舶の航行制限、航空機の飛行制限を定めるとともに、これらのすべてを「緊急対処事態」にも適用するとしている。

さて、有事法制下の事態対処法制の中で、とりわけ目につくのは、「国際人道法の重大な違反行為の処罰に関する法律」「武力攻撃事態における捕虜等の取扱いに関する法律」だ。これらの、例えば「捕虜の取扱」というと、大抵の人々は、驚くのではないか。というのは、今現在、捕虜の取り扱いを云々する情勢があるのかと。

この法律は、戦争法規に関するジュネーヴ四条約のうち、二条約を法制化したものだ。戦争法規とは、「陸戦ノ法規慣例ニ関スル条約」をはじめ、いくつかの国際条約があるが、この中で戦争犠牲者の保護のための条約が、一九四九年、ジュネーヴで作成された四条約だ（これらを日本は、一九五三年に国会承認）。

もっともこれらの条約は、「戦争」自体をまったく想定していなかった戦後日本の中で空文化し、これに関する法律も作られなかった。しかし先の有事法制制定、そして周辺事態法制定のもとで、これらが一挙に現実化したのだ。

さて、「国際人道法の重大な違反行為の処罰に関する法律」は、重要な文化財を破壊する罪、捕虜の送還を遅延させる罪、占領地域に移送する罪、文民の出国等を妨げる罪などの、国際人道法に規定する重大な違反行為を、刑法等の処罰と相まって処罰すると定めている。これは、非常に短い法律だが、次の「武力攻撃事態における捕虜等の取扱いに関する法律」全文は、比較的長文の法律である。

この法律は、冒頭にその目的を掲げ、「武力攻撃事態における捕虜等の拘束、抑留」などの取り扱いや、「武力攻撃事態において捕虜の取扱いに係る国際人道法の的確な実施を確保すること」と定めている。また、それに続く基本原則では、捕虜等の取り扱いに当たっては、常に「人道的な待遇」を確保し、「捕虜等の生命、身体、健康及び名誉を尊重し、これらに対する侵害又は危険から常に保護」する旨規定し、「何人も、捕虜等に対し、武力攻撃に対する報復として、いかなる不利益をも与えてはならない」と定めている。

この本文では、「拘束及び抑留資格認定」「収容」「捕虜収容所の規律及び秩序」「捕虜等への懲戒処分」「捕虜の義務」「外部との交通」「抑留の終了・送還」などを定めている。

なお、この法律の制定によって、初めて自衛隊法の条文に「捕虜収容所」（同法第二四条三項・第二九条の二）「捕虜等の取扱いの権限」（同法第九四条の五）という、捕虜に関する規定が設けられた。

（註 有事法制下の事態対処法制三条約の中で、戦争法規に関する条約は、以下の二つ。①一九四九年八月一二日のジュネーヴ諸条約の国際的な武力紛争の犠牲者の保護に関する追加議定書［議定書Ⅰ］、②一九四九年八月一二日のジュネーヴ諸条約の非国際的な武力紛争の犠牲者の保護に関する追加議定書［議定書Ⅱ］。）

さて、発足以来、自衛隊の法令では、「捕虜」に関する規定はまったく存在しなかった。わずかに、陸自の『野外令』などの教範が、この捕虜に関する記述をしていただけだ。だが、この捕虜などに関する法律の制定で、ついに自衛隊は、捕虜問題という戦争それ自体を扱う段階に至ったのだ。

これらの戦争法規関連法律が制定されたのを受けて、陸自内部でもその具体的な取り扱いが検討され始めている。『陸戦研究』(〇五年六月号)では、安江聖也三等陸佐の「部隊行動に関係する刑事法等の研究——教えざる罪を防ぐために」という論文が掲載された。

ここで安江は、国際法違反の犯罪は処理を誤れば、国際問題にまで発展し、戦勝の獲得さえ危うくするだけでなく、隊員の人権をも害すると述べ、「しかるに、現在の陸上自衛隊の教育訓練は、この点について十分ではない」と注意を喚起する。そして、安江は、旧軍の国際法違反の例を挙げ、当時は兵士のみならず将校さえも、この捕虜の取り扱いに関する国際法規を教えられていなかったと指摘する。さらに、最近のイラクでのアブグレイブ事件を取り上げ、単に「命令に従った」だけとする、軍隊内での上官の違法命令を問題にしている。

さてここでの問題は、自衛隊内における、この捕虜問題などの戦争法規、国際法規などへの取り扱いの現状だ。これは、安江がいうように、まったく「教えざる罪」という状態にあるのだ。というのは、これらの法規の教育は、必然的に「違法命令の拒否」、つまり「抗命権」の問題を生じさせるからだ。また安江がいうように、旧軍の捕虜の取り扱いの問題や、BC級戦犯の問題も取り上げねばならない。いわば、この捕虜問題という教育は、隊員たちにとって、両刃の刃にもなるのだ。

いずれにしろ、周辺事態などの各種事態の中で、自衛隊は有事＝戦時へと突き進んでいる。このような情勢において、捕虜問題などの取り扱いは、大きな問題になるであろう。そしてこの情勢下で自衛隊では、「軍刑法」を求める動きが内部から加速している。だが、これは安江がいうように、「諸外国並みに軍刑法を制定したとしても、『法の不知』が原因となる犯罪の続発」（同誌〇五年七月号）となるのは、間違いない。

軍法会議と軍刑法

戦後の日本国憲法体系の中で、「軍法会議」や「軍刑法」などが、俎上に上がることはあり得ないと思われてきた。当然のことだろう。

日本国憲法は、その第九条で一切の軍備・軍隊を否定しているばかりか、第七六条では「特別裁判所」の設置を禁止している。しかし今、改憲論議の高まりの中で、この軍法会議設置を求める動きが保守勢力の中から噴き出している。

二〇〇五年一〇月に発表された自民党改憲案は、「軍事に関する裁判を行うため、法律の定めるところにより、下級裁判所として、軍事裁判所を設置する」（第七六条三項）と謳ってい る。

軍事裁判所設置の項は、改憲案の第六章「司法」のところだ。この改憲案の箇所は、重大な問題であるにもかかわらず、今のところ様々な改憲論議の中でも、ほとんど論議されていない。

この自民党の改憲案のいう「軍事裁判所」とは、いうまでもなく旧軍でいう軍法会議のことだ。また、軍法会議を設置することは、同時に自衛隊に軍法・軍刑法・軍拘置施設などの軍事司法制度を作ることになる。

そしてこの軍刑法、軍法会議などは、単に自衛官に適用されるだけでなく、一般国民にも適用される。なぜなら自民党改憲案では、「自衛官」「軍人」という限定はなされていないからだ。戦前でも陸軍刑法は、「哨兵に対する侮辱罪」「俘虜に関する罪」などの軍事にかかわる罪を定め、これを国民に適用していた。つまり、軍の作戦や行動を妨害する国民に対しては、憲兵が取り締まりにあたり、軍法会議が行われていたのだ。

こうした軍法会議の設置を求める動きは、自民党改憲案の発表と前後して、自衛隊内にも広がっている。

たびたび引用してきた『陸戦研究』には、自衛隊に軍法会議の設置を求めるいくつかの論文が発表されているが、ここでは東部方面総監部防衛課長・河井茂樹一等陸佐の「自衛隊司法制度の提言――軍刑法や軍法会議に相当する制度検討の必要性」(〇四年七月号)を検討してみよう。

はじめに、河井は、今日の自衛隊の状況は「行動して評価される時代」を迎えており、イラク派遣などで「危険を伴った苛酷な任務になることが予想される」状況になりつつあるという。この中で、九条改定による「自衛軍の保持」論議や有事法制の整備などで、軍法会議などの必要性の議論も高まっており、「現在の自衛隊に欠落している司法制度としての、軍刑法や軍法会議に相当する制度の制定や組織の設置」について提言する。

特に、河井が強調するのは、警察官などと異なる自衛官の「命懸け」の任務であり、職務上、「殺傷」を合法的に認められているその任務である。この自衛官の任務遂行上の特性は、一般社会人と同様の刑法だけで裁くことはできないから、独自の刑法や軍法会議が必要だとしている。

この立場から河井は、第一に、自衛隊法の刑罰規定の量刑を問題にする。すなわち、自衛隊法の防衛出動下の「敵前逃亡」は、「七年以下の懲役・禁固」にすぎないが、旧陸軍および米軍では、「死刑」と規定されている。また、「命令拒否・不服従」の場合、自衛隊では防衛出動下では「七年以下の懲役・禁固」、治安出動下では「三年以下の懲役・禁固」だが、旧陸軍では「死刑又は無期もしくは一〇年以上の禁固」であり、米陸軍では「死刑又は終身拘禁刑、不名誉除隊、罰金給料全額」であるという。

このほか、「部隊不法指揮」「秘密漏洩」なども含めて、自衛隊法の罰則規定は、旧陸軍や米軍に比べて軽度に規定されており、「有事等において真に任務を達成するためには、刑罰の強化は不可欠」だと提起する。

河井は第二に、自衛隊法では、想定する罪の範囲が狭いという。すなわち自衛隊法の罰則規定は、九カ条しかなく、これに比べて旧陸軍刑法では八〇カ条、米軍では五八カ条と細部にまで規定されているという。例えば、旧陸軍刑法の「叛乱の罪」「侮辱の罪」「戦地での略奪・強姦の罪」などが、自衛隊法では規定されていないというのである。

第三に河井は、「自衛官の職務遂行上の特性」からして、自衛官を裁く司法構成員は、自衛官または自衛官経験者に委ねられるべきであるとしている。とりわけ「指揮官の部隊統率上」から、指揮官が招集権者となって法廷を招集すべきとする。これは、旧陸軍が「軍軍法会議」(長官は軍司令官)、「師団軍法会議」(長官は師団長)など、指揮官を招集権者としているからだという。

第四に河井は、自衛隊のイラク派遣など海外での活動の広がり、危険度の高い地域への派遣が「独自司法制度」を必要とするという。イラク派遣では、一〇名程度の自衛隊警務隊が派遣されているが、これら海外での自衛官の違法行為は、自衛官や自衛官経験者でなければ判断できないというのである。

これらの立場から、河井は「施設としても常設の裁判所はもちろんのこと、勾留に必要な施設等の準備が必要になる」と結論している。

ここでの河井の軍事司法制度に関する提言は、そのすべてが旧軍のそれを踏襲していると言っていい。だが、いうまでもなく旧軍の軍事司法制度とは、天皇の統帥権、軍事大権を中心とする大日本帝国憲法にもとづいている。しかし戦後憲法は、このような軍事を中心とする憲法体系を完全に解体し、平和を中心とする憲法体系に転換したところから出発したのだ。

戦後憲法は、前文、第九条に続き、第七六条で「特別裁判所の設置」を禁止している。つまり戦後憲法は、一切の軍備・軍隊の保持を禁じる規定を設けただけでなく、その「軍隊性」の核心ともいうべき軍法会議の設置も禁じたのだ。

この問題について、戦後警察予備隊の創設に携わった米占領軍の幕僚、フランク・コワルスキー大佐は、日本の再軍備を禁じているのは、憲法九条とともに、第七六条の「特別裁判所禁止規定」であり、この規定によって軍法会議設置を禁止したことが見落とされていると証言している(『日本再軍備』サイマール出版会)。

自衛隊は、軍法会議、軍刑法などの軍事司法制度がない、世界で唯一の「軍隊」である。言い換えれば、この第七六条の規定が存在することが、自衛隊の軍隊化を阻む最後の歯止めであった。

自衛隊においては、軍法会議がないために自衛官の訴追は検察官が行う。また、起訴後の裁判は、一般の裁判所において行われる。もちろん自衛隊には、旧軍と異なり「営倉」や「軍刑務所」がないので、自衛官の勾留・拘留・服役は、一般拘置所・刑務所で行われる。

つまり、自衛官の一般刑事事件はもちろんのこと、軍事に関わる自衛官の法律違反をも、すべてが検察・裁判所で取り扱われるのだ。

これは、軍事秘密の壁の中で、自衛官の様々な行動が闇から闇へ葬られることを明確に防いでいる。言い換えれば、あの軍国主義の時代と異なり、自衛隊内での人権や平和を求める声は、必ず社会に公にされるということだ。

殉職自衛官を靖国に？

自衛隊に、軍事司法制度の整備を提言する河井は、この論文の最後に、「ただ単に、自衛隊独自の厳しい刑法が設けられただけでは、隊員の士気は却って低下し、結果組織力の低下につながってしまうことになるとともに、自衛官の募集へも深刻な影響を及ぼすおそれがある」、したがって、「『任務達成や戦死等』に対する『名誉や処遇』の与え方について併せて検討することが不可欠である」と、述べる。

死刑を含む厳しい刑罰、軍法会議の苛酷な裁判で処罰される自衛官たちは、河井のいう「名誉や処遇」だけで納得するのか？ いやそれ以前にこれらの自衛官たちは、自衛隊内にとどまるだろうか？ そして河井もいうように、この死刑や軍法会議が待ち構えている自衛隊に、果たして青年たちが入隊してくるのか？ これらは、これからの自衛隊の最大の難問である。

『陸戦研究』では、「二一世紀の自衛官の精神基盤のあり方と実現方法」という論文の特集を掲載している（〇一年一〇月号）。ここには、今後の自衛官の精神基盤をどうするのか、自衛隊内の精神教育はどうあるべきか、とする文章が掲げられている。

まずここにおいて、春木昭仁二等陸佐は、二〇〇〇年に陸自で決定された「誇り高き陸上自衛官像」を取り上げ、自衛官の精神教育を「資質教育」に転換することを提言する。

この「誇り高き陸上自衛官像」とは、「二一世紀に求められる陸上自衛官像」、特に軍人の倫理観ともいうべきものとして、陸自内の二年間にわたる論議の末、制定されたものだ。ここでは、「誇り高き陸上自衛官の心得」として、①「挑戦　挑め、果敢に」、②「献身　尽くせ、一途に」、③「誠実　貫け、誠を」という、三つの徳目が挙げられている。

ところで自衛隊では、部隊内で精神教育という時間があり、「死生観の確立」を含めて自衛官倫理の形成を軸とする訓育が重視されている。従来、自衛官の精神教育の基盤となっていたのは、一九六一年制定の「自衛官の心がまえ」であり、ここでは、「使命の自覚」「規律の維持」などの五つの徳目を挙げていた。

しかし、この精神教育は、ほとんどの部隊で形骸化しており、意味をなしているとは言えなくなっている。こうして「誇り高き陸上自衛官像」が、新たに制定されることになったのだが、この経緯は、最近の自衛隊内部の事故（犯罪）の発生や、陸自新任務の多様な事態に対応するための危機感があったという。

さて春木は、その提言において、旧軍の軍人勅諭などの精神徳目を紹介し、そこから自衛官の徳目として、「自衛官の心得」に続き、「克己」などの新しい徳目を付け加え、これを一般隊員から幹部に至る全員に、「資質教育」として行うべきだとしている。

この精神徳目は、隊内では機会あるごとに暗記させられる。だが、このような精神徳目によって、自衛官の精神基盤は形成されるのか。精神徳目や精神教育の強調には、いうまでもなく旧軍との連続性、つまり、精神主義がある。これは、春木のいうように、「形骸化する恐れ」があるだけでなく、「我々自衛官は旧軍人と類似の心性を有し、このままでは旧軍人と同じ過ちに陥る」のは間違いない。

したがって春木は、二一世紀の自衛官の精神基盤のあり方として、この精神徳目の教育だけでなく、「大いなる存在」の教育が必要だというのだ。この大いなる存在とは、春木にとっては、神・仏・天と呼称しようが、何でもかまわないという。

先に、軍事司法制度の必要性を提言した河井は、結論として「名誉や処遇」を求めたのだが、ここで春木は「大いなる存在」に行きつく。しかし、彼らのいう提言では、自衛官の精神基盤が形成されないことは明らかだ。とりわけ自衛隊は、いまや海外派兵の時代である。ここでは、戦死を覚悟しなければならない時代が訪れている。

この状況の中で、統幕学校教官を務める渡純一一等陸佐は、もう一つの提言を行う（『陸戦研究』〇四年九月号）。

「自衛隊は、創立五〇周年を経過したが、依然実戦の経験がなく、実戦での交戦やこれに伴う戦死者や戦傷者生起の経験がない。また、これまで隊員の死生観等精神的基盤を国土防衛作戦を念頭に置いて構築してきた経緯がある。さらに、これからの軍事作戦の特色として①危険を伴う任務を、②武器の使用等に法的制約を受けた中、③マスコミの監視下に置かれ、④味方及び地域住民のみならず、敵対者の犠牲をも局限しなければならない極度の精神的プレッシャーを受ける状況において、武器を使用して任務を遂行しなくてはならない」

ではどうするのか。渡は、これらを考慮すると、国外の危険な任務にも対応できる新たな精神的基盤を全隊員に構築する必要があり、これは、「死生観の確立」であるという。そして自衛隊は、このためには、「死に耐え得る真の軍隊組織として転化」することが必要不可欠と述べる。

だが、この精神基盤——死生観をどう作るのか。渡は、これを自虐的ではない「正しい歴史観」、武士道・教育勅語などの「民族の精神」、天皇制などの「文化・伝統」の教育によって「愛国心を回復」することが、もっとも重要であると強調する。しかし、これだけでは足りない。そこで渡は、次のようにいう。

「祖国のために、子孫のために尊い命を捧げた人々の御霊は、靖国神社に祀ること、国民はその御霊に敬意と感謝の念を表することを、国として再び明確化することも重要である」

つまり、ここでも旧軍と同じく、自衛官の戦死者を靖国に神として祀ることが結論なのである。

戦後、自衛隊において、殉職者を靖国神社に祀ることは悲願であった。この中で隊内では、戦後一貫して靖国への部隊参拝を行ってきた。だが、宗教行為を禁じた憲法によって、自衛官の殉職者は地元の護国神社に合祀されてきた。

しかし、これからの時代、自衛隊は海外派兵ばかりか、対テロ・ゲリラ・コマンドウ作戦という「残酷かつストレスフル」な戦場に置かれる。まさに「戦死の時代」が近づいているのだ。

この状況の中で、戦死者を「軍神」として靖国に祀ること、これ以外に政府は自衛官に「戦死」を強制することはできない。軍法会議設置による「死刑」の強制力も意味をなさない。

だが、戦死者を軍神として祀る——こんな「古い証文」を引っ張ってくる以外にはないというのは、現在の自衛隊の海外派兵や対テロ・ゲリラ・コマンドウ作戦などが、いかに正当性がないかということだ。

「行動する時代」の自衛隊の矛盾は、自衛官自身に集中していく。自衛官の自殺の爆発的増加も、その大きなひとつである。つまり、海外派兵の時代とは、自衛隊の危機がいっそう深刻化していく時代でもあるのだ。

イラク派兵以後

小泉政府は、イラク新政権の発足などをめどに〇六年春には、イラクに駐留する陸自部隊の撤退を表明していた。だが、新政権が曲りなりにもスタートしたこの春を過ぎても、撤退のめどさえついていない。この理由は明らかだ。つまり、ブッシュ家のポチ・小泉首相にとって、アメリカのお許しが出ない限り、撤退はできないのだ。

米軍のイラク戦争は、泥沼化する一方だ。〇六年五月一四日現在、米兵の戦死者は二四三六人にも上る。おそらく、負傷者はその数倍以上になっている。そして今、米軍はイラク派兵兵力の危機に陥っており、アメリカ国内の新兵募集も困難を極めている。

この状況で、陸自は〇六年五月、東部方面隊から編成された第一〇次復興支援群をイラクへ派兵した。この支援群の派兵期間は、八月までの予定であり、このまま泥沼的に派兵政策を続けるかどうかの瀬戸際を迎えている。

一方、空自のイラク派兵部隊は、撤退どころか活動の拡大を決定した。空自のイラク国内で活動する空港について、一三空港から二四空港に広げていることが明らかになっている（〇六年一月一二日付『共同通信』）。

戦地へ派兵された軍隊の撤退が、困難を極めることは旧軍の歴史が証明している。アフガン戦争直後派兵された、海自の護衛艦・補給艦部隊は、およそ五年を経過しているにもかかわらず、撤退のめどさえついていない。対テロ支援の名目で、ズルズルと派兵が引き延ばされているのだ。だから、陸自イラク派兵部隊の撤退をめぐるこの数カ月の状況は、自衛隊の今後の派兵政策を占う重要な局面と言うべきだ。

さて、この自衛隊のイラク派兵とは、何だったのか。そして自衛隊は、イラク以後どこに向かおうとしているのか。

イラクに派兵された自衛隊の任務は、「給水支援」「公共設備の補修工事」「病院の技術指導」の、イラク特措法による「人道的復興支援活動」とされている。これらの自衛隊の任務は、ほぼ〇五年以内に完了しており、現在、自衛隊がイラクに駐留を継続している理由が、まったくなくなっていることは、すでに知られている事実だ。

実際、サマワに駐留する陸自部隊は、そのほとんどを駐屯地内ですごしている。いわば、「亀の子」のように、駐屯地内から出ない、出られない状態でただただ駐留しているだけなのだ。この理由は、復興支援活動なる任務が終了しただけでなく、すでに一〇回以上にわたるロケット砲攻撃などを受け、「非戦闘地域」という状態が完全に崩れていることにある。つまり、現在の陸自のサマワ駐留の意味は、イラクへの自衛隊のプレゼンス（存在）を誇示することにのみおかれているのだ。

実際、〇五年の半ばからの支援群の部隊編成は、約六〇〇人の要員のうち、その約一五〇人前後が警備部隊で構成されていると言われている。つまり、およそ四分の一が、復興支援とは直接関係ない部隊なのだ。この意味からしても、現在の陸自のイラク駐留なるものは、まったく無意味化していることが分かる。

このように、すでに意味をもなしていないイラク駐留を、なぜ継続するのか。これは、すでに見てきたアメリカ側の要求でもある。だが自衛隊には、もう一つの重要な理由がある。

それは、イラク派兵という戦後初めての戦闘部隊の海外出動、それも「戦闘地域」での派兵を継続することにより、自衛隊全部隊の実戦化を作り出すという目的だ。言い換えれば、イラク派兵は、自衛隊にとって初めての実戦の機会であったのであり、ここでの実戦化を契機に、部隊を米軍並みの実戦部隊にキャッチアップすることであったのだ。

その実戦化とは、いうまでもなく対テロ・ゲリラ・コマンドウ作戦の経験である。実際、イラク出動を予定した部隊は、事前に数カ月にわたり、北富士に作られたサマワを模した実戦訓練場で、市街戦を中心に、対テロ・ゲリラ・コマンドウ訓練を繰り返してきたのだ。

そして〇六年一月以降、イラクに派兵された東部方面隊も、この実戦経験の獲得のためであった。先にも記したが、東部方面隊は政経中枢師団に指定されており、当初は、この方面隊の出動は予定されていなかった。これは、北部方面隊・東北方面隊からはじまるイラク派兵が、東部方面隊を素通りして、中部方面隊、西部方面隊へと順次、西の部隊へ移行していったことからも分かる。

結論するなら、イラク派兵継続の最大の目的は、自衛隊、とりわけ陸自全部隊の対テロ・ゲリラ・コマンドウ作戦の実戦化にあったのだ。そしてこの実戦の獲得の中で、すでに見てきた離島防衛作戦、対ゲリラ・コマンドウ作戦、対テロ作戦、国民保護作戦も、米軍並みに実戦化されつつあると言える。

「イラク人道復興支援活動の教訓」――これは、陸自研究本部で作られた小冊子のタイトルだ。サブタイトルには、「インフォーメーション・オペレーション」と書かれている。

この「教訓」のほぼ全容は、〇五年一月二九日、NHKスペシャル「陸上自衛隊 イラク派遣の一年」で報道された。

この内容は、まずイラク市民、イラク報道機関から日本国民までを網羅した「ターゲッティング・リスト」が作られ、この研究本部が本格的な情報戦を行っていることが明らかにされる。「ターゲッティング・リスト」の具体的対象は、イラク全市民、周辺国、国際世論、日本国民、イラク宗教指導者、テロ勢力、報道機関などが挙げられる。ここでは、テロ勢力からの攻撃を避けるためには、宗教指導者との懇談を重ねること、報道関係者とは、食事会を行うことなどが有効とされている。

この報道では、小冊子を作成した陸自研究本部の山口昇総合研究部長が登場し、その意図を語っている。

イラク派兵の直前から「情報戦の研究」を行ってきた山口は、その研究で参考にしたのは、「北支の治安戦」、すなわち旧軍の中国植民地支配での「民心収攬」「宣撫」「帰順」などの宣伝工作であったという。山口はまた、旧軍が中国で行った住民統治のポイントが、イラクでも有効であることが実証されたと分析する。

しかし、この占領地域での工作は、旧軍だけから学んでいるのではない。自衛隊では、すでに「イラク以後」を含めて、米軍からも占領支配を学びながらこの作戦を強めている。

この作戦は、ＣＭＯ（シビル・ミリタリー・オペレーション）と呼ばれ、「軍事作戦を容易にし、作戦目標を達成するために、軍・政府機関・非政府機関及び住民との関係を確立・維持・促進する指揮官の活動」とされている。

この具体的内容の第一は、国家目的達成の支援であり、「国家支援作戦」「外国人道支援」「軍隊による民事活動」の三つであるとされる。第二は、軍事的効果を高めることであり、これは軍隊と民間人の不和の削減、現地住民による軍事活動の支援によって、作戦全般の軍事的効果を高めることであるとされている。第三は、民間人に対する軍事活動のネガティブなインパクトを削減することだとされる（以上は、『陸戦研究』〇五年一一月号所収「自衛隊の国際平和協力活動に関する一考察」今村英二郎三等陸佐、参照）。

今村は、この「一考察」の中で、在イラク米軍部隊のＣＭＯを学びながら、「日本型ＣＭＯ」の確立を提案する。しかし、米軍のイラク占領政策が、現在、全面的に破綻・崩壊していることは、周知の事実だ。

アメリカのイラク戦争、これは古典的な帝国主義侵略戦争というべきだが、このような侵略戦争による軍事占領を続ける限り、その占領政策が破綻することは目に見えている。アメリカは、第二次大戦後の日独伊などの軍事占領からでさえ、何も学んでいないのだ。同時に、このようなアメリカの侵略戦争・軍事占領に、軽薄にも飛びついている自衛隊が、どのような占領政策を打ち立てようとも、その破綻も明らかであろう。

（註　筆者は、この「イラク人道復興支援活動の教訓」について、防衛庁に対して情報公開法にもとづく開示請求を行ったが、表紙の一頁以外はすべて不開示とされた。NHKでは、ほぼすべての内容が報道されていたにもかかわらず、この不開示には怒りを覚える。これも自衛隊によるマスコミ工作の一部である。）

政府・自衛隊は、インド洋――ペルシア湾派兵、イラク派兵に続く「国際平和協力活動」を主任務化（本来任務）し、そのための「海外派兵恒久法」の制定を予定している。そして、こうした自衛隊の行動を国民に認知させるために、〇六年の通常国会に防衛庁の「防衛省昇格法案」を提出した。まさに、政府・支配者による改憲を前後して、派兵と軍拡の時代が訪れようとしている。

しかしながら、この自衛隊の海外派兵を中心とする行動の拡大や、虚構の脅威論の煽動による軍拡が、必然的に破綻することは明らかである。

第7章　憲法第九条の軍事論的意義

海外派兵風景

自民党改憲案

二〇〇五年一〇月発表の自民党改憲案について、大方のマスコミはその旧改憲案にあった「復古色」がなくなったと強調して報道している。確かに今回の改憲案には、「国防の責務」や「天皇の元首」などの文言は、言葉としては見当たらない。しかし、本当に「復古色」はなくなったのか。あるいは、現行憲法の平和主義は、どのように解体されたのか。

まず、自民党改憲案は、現行憲法の「前文」を全面的に削除し、新たな「前文」を提案している。ここでは、言葉では「平和主義」の文言を挿入しているが、現行憲法の「平和のうちに生存する権利」、いわゆる「平和的生存権」という戦後憲法の全体を貫く平和主義の核心を削除している。また、現行憲法では、第一章以下に置かれていた天皇条項を、「象徴天皇制は、これを維持する」として前文に挿入した。これは、日本の「国体」が天皇制であるとする意図があると考えられる。

また、前文の冒頭に「新しい憲法を制定する」という文言を入れ、かつ現行憲法の個々の改定ではなく、全面的改定に言及していることは、現行憲法体系を全面否定する行為として、多くの憲法学者から批判されている（改定論ではなく新憲法制定論）。

さて、この自民党改憲案の核心は、やはり現行憲法第九条の解体だ。ここでは、現行の「第二章　戦争の放棄」というタイトルが、「安全保障」に変更された。これは、中味を検討する以前に、現行の平和主義・戦争放棄の全否定だと言えよう。

この「安全保障」というタイトルのもとで、自民党改憲案は現行の第九条一項は残すが、第二項を全面的に削除し、そして、「第九条の二（自衛軍）」を追加する。これは、「我が国の平和と独立並びに国及び国民の安全を確保するため、内閣総理大臣を最高指揮権者とする自衛軍を保持する」（一項）と規定される。

つまり、ここでは現行の「陸海軍その他の戦力放棄」「国の交戦権放棄」という、戦後憲法の重大な規定が全面削除され、新たに「自衛軍の保持」が定められているのだ。

また、この自衛軍の任務を、「我が国の独立」などのほか、「国際社会の平和と安全を確保するために国際的に協調して行われる活動及び緊急事態における公の秩序を維持」（第三項）として謳っている。これは、国の防衛・海外派兵・緊急事態対処という軍事的任務を、憲法上に組み入れるという現行憲法体系の根本的破壊だ。

いうまでもなく、戦後憲法が平和主義を貫く上でのもっとも重要な規定は、第九条二項の「陸海軍その他の戦力は、これを保持しない」とする軍隊・軍事力・戦力の一切の放棄であり、

「国の交戦権は、これを認めない」とするすべての戦争の放棄である。これを全面的に削除した上で、自民党改憲案は自衛軍の保持と、そのための国防任務・海外派兵などの任務を憲法上で謳うのだ。これは、まぎれもなく自民党改憲案が、平和国家から軍事国家、少なくとも軍事・軍隊を価値であるとする国家への転換を行っていることを表すものだ。

これは、自民党改憲案前文の「日本国民は、帰属する国や社会を愛情と責任感をもって自ら支え守る責務を共有」するという文言と重ねてみると明らかだ。つまりこの前文の内容は、「国民の国を守る責務」、すなわち、旧改憲案の「国防の義務」(また、「愛国心」)をソフトに言い表したものである。言い換えれば、自民党改憲案は、前文で国民の国防の義務を定め、憲法九条で自衛軍の保持を定めて、戦後憲法の平和主義——国民の平和的生存権をすべて捨て去ったのだ。

これだけにはとどまらない。自民党改憲案は、第一二条で「国民の責務」を定め、「自由及び権利には責任及び義務が伴う」といい、第一三条では「個人の尊重等」は、「公益及び公の秩序に反しない限り」と規定している。つまりここでは、現行憲法の基本的人権の制限が主張されているのだ。そして、先の「軍事裁判所設置」の条項を考えると、自民党改憲案の軍事・軍隊に価値を置く国家への転換は明らかである。

さらに重要なことは、自民党改憲案では、内閣総理大臣を自衛軍の「最高指揮権者」と定めていることだ。これは大日本帝国憲法、アメリカ合衆国憲法などと同様に、憲法上に「軍の統帥権」（指揮命令権）を加え、内閣の行政権から独立した存在として、自衛軍の位置を権威づけたものにほかならない（ちなみに、現在の自衛隊の「最高指揮権」は、自衛隊法第七条に規定されており、「内閣総理大臣の指揮監督権」として定められている）。

いずれにしても、この自民党による改憲案の提唱は、今後の改憲の動きを加速させる重大な問題である。すでに〇五年には、日本経団連が改憲を提案したのに続き、経済同友会、日本商工会議所などの経済界も改憲案を提唱した。これらは、『読売新聞』などの改憲派メディアなどと歩調を合わせて打ち出されており、ここ数年において、改憲の発議がなされる状況を迎えている。そして、現在、今国会に国民投票法案が提出されるという、改憲をめぐるもう一つ新たな段階が始まったのだ。

「平和基本法」は何をもたらすのか

このような、改憲をめぐる切迫した状況が始まる中で、現在、護憲勢力・反戦勢力は、様々な改憲批判・反対の行動を繰り広げている。これは、今後ともますます広がることは明らかだ。

しかし、残念ながら、改憲批判は行動においては広がりながら、その「論理」においては、相当の後退が見られる。これでは、真の改憲をめぐる情勢の切迫段階で、改憲勢力・支配勢力に真っ向から立ち向かうことはできない。また同様に、改憲をめぐる国民的論議の中で、国民に啓蒙・宣伝し、国民の過半数を獲得できるものとはならない。

ここでいう「論理の後退」とは、「平和基本法」の制定を唱える人々の主張・運動である。「平和基本法」の制定を求める運動は、雑誌『世界』の「平和基本法の再提言――憲法九条維持のもとで、いかなる安全保障政策が可能か」として提言された（同誌、〇五年六月号。なお、九三年四月号でも、同様の提言が行われているが、これはあまり無関心が持たれなかったと言われる）。

この提言を行ったのは、古関彰一、前田哲男、山口二郎、和田春樹各氏の、いわゆる「岩波文化人」らである。

まず、提言は、憲法九条の理念を具体化していく過程と手続きを明示するものとして仮称「平和基本法」を作るといい、違憲状態にある自衛隊を「攻撃能力を持たない、憲法の許容しうる水準の国土警備隊」としての「最小限防衛力」にまで、縮小・分割していくという。

ここで提言は、自衛隊が「正規の軍隊ではない」「軍隊になりきれないメルクマール」を挙げていくのだが、この点の批判は別の機会にゆずるとしよう。提言の具体的内容は、以下のように整理できる。

①現在の日本には、古典的侵略はない。朝鮮半島・台湾海峡でも主権侵害行為が発生する可能性は低い。深刻な危機は、大震災・原発事故・津波などである。だが、九・一一事件以後の国際テロへの備えは、十分にしなければならない。

②この真の脅威に備えるため、大きすぎる現在の自衛隊を分割し、少数を国土警備隊（自衛力）に当て、ほかを国内外の災害救助隊にする。

③自衛隊を縮小・再編し、渡洋攻撃能力を持たず、法の支配に服する「国土警備隊」と国内外の「災害救助隊」および国連に差し出す「国際緊急援助隊」（国連指揮下の別組織のＰＫＯ部隊）の三つに分割する。

④この平和基本法は、「安全保障基本法」とは違う。憲法九条維持の下での現実的な安全保障である。

提言の具体的検討の前に、その前提を批判しておかねばならない。というのはこの提言は、「憲法九条は、自衛権を否定しておらず、日本は国際法上自衛権を持っており、主権侵害行為を阻止し、排除する防御的実力を持つ」との「前提的確認」をしているからだ。

ここでいう「戦後日本国家の自衛権」とは、憲法学者の間でも議論のあるところだ。しかし、吉田茂の国会答弁にもあるとおり、戦後憲法は、「自衛の名の下で行われる戦争」、つまり、一切の戦争・軍隊を否定したばかりか、戦後日本国家の「自衛権」をも放棄したというべきだ。言い換えれば、「国際法上の国家の自衛権」をあえて否定したところに、戦後憲法の重大な歴史的意義があるということである。

戦後憲法が全世界の国々に先んじて、軍隊・戦争のすべてを禁止した歴史的意義は、このように認識することによって意味あるものとなる。提言の論者らが、無前提に「日本国家の自衛権」を主張するのは、この戦後日本、戦後憲法の歴史的特殊性を考慮していないというべきだ。後述するが、戦後日本国憲法は、自衛権・戦争・軍隊の放棄という「国家非武装」を、世界に初めて宣言したすぐれた憲法である。

さて、提言の具体的批判に入ろう。

提言は、現在日本には古典的侵略はなく、「真の脅威」は大震災などの災害だという情勢認識を示している。なるほど、これには筆者も賛成だ。だが、「古典的」侵略というのは、すでに見てきたように、政府・自衛隊でさえも事実上、可能性はないとしている。したがって問題は、提言の「九・一一事件以降のテロ」という「脅威」があるのかどうかだ。

これは、すでに論述してきたが、自衛隊の現在の新任務は、周辺事態であり、対テロ・ゲリラ・コマンドウ作戦である。だが、これらの自衛隊の新任務は、「虚構の脅威論」にもとづくものであることは証明してきた。このような政府・自衛隊の脅威論の煽動を真に受けているのだから、それ以降の提言の内容は推して知るべしだ。つまり、提言の前提となっている情勢判断が、根本的に誤っているのだ。

そして提言は、自衛隊の国土警備隊・災害救助隊・国際緊急援助隊の三分割を示しているが、「国土警備隊」という「軍事力」の存在を現実的に容認していることが重大である。この「国土警備隊」は、提言によれば「最小限自衛力」と主張されている。

しかし、ここで提言がいう「最小限自衛力」とは、政府が戦後一貫して軍拡のために主張してきたそれと、ほとんど変っていない。

周知のように、政府の憲法解釈では、自衛隊は「戦力」ではなく、「最小限の自衛のための実力」であるとされてきた。この解釈は、根本的には現在においても同じだ。「専守防衛」の破棄などの問題はともかく、例えば、新大綱や新中期防で整備される軍事力も、「最小限の自衛力」と主張することはできる。

つまり、提言と政府の主張の違いは、若干の情勢認識の違いであり（テロの脅威は同一）、そのための必要な自衛力（最小限自衛力）の「量的差異」にすぎないということになるのだ。

もちろん、提言が、現水準の自衛隊の軍事力を完全に否定していることは明確である。しかし、「最小限自衛力」を持ち出したとたん、論理的に政府の論に屈してしまうのは明らかだ。

この提言の意図が、今日の憲法九条と自衛隊の乖離を危惧し、この状態を何とか解消したいとする目的であることは理解できる。しかしながら、提言者らのこのような主観的意図が、「自衛隊の現実的容認」を契機に、軍備拡大に利用されていくことを疑うべきだ。

かつての公明党や社会党の「自衛隊の現実的承認」という決定が、それ以降の時代、どのような軍拡を引き起こしたか。これはいうまでもないことだ。

結論するなら、提言の政治的意味――自衛隊の現実的承認・認知は、軍拡と改憲に向かっている現在の政治状況において、護憲勢力・反戦勢力の背骨を砕くことになるということだ。提言の良心的意図は、この際、関係ないのである。

日本共産党の「自衛隊活用論」

このように、雑誌『世界』の提言に対して、厳しい批判を加えざるを得ないのは、前回提言と違い、この提言は社民党などの政党ばかりか、自治労などの労働組合でも「平和基本法」制定の運動として広まろうとしているからだ。

〇五年の自治労大会では、沖縄などの多くの批判がありながらも、この「平和基本法」を承認するという確認がなされている。おそらく、この「平和基本法」に根本から批判を加え、葬らない限り、他の労働組合や市民団体に波及することは避けられない。そしてこれは、改憲反対の運動に致命的打撃を与えることになるであろう。

だが、自衛隊の「現実的承認」を行っているのは、先の提言や自治労などばかりではない。何と、あの日本共産党まで、この流れにくみしつつあるのだ。

日本共産党は、「第二二回大会決議」（〇〇年一一月二四日）の「憲法を生かした民主日本の建設」という項において、「自衛隊の活用」という大転換を打ち出した。

この決議は、まず憲法九条と自衛隊の関係の矛盾を解決することは、二一世紀日本の重要問題とした上で、「憲法九条は、国家の自衛権を否定していない」と、先の提言と同様、自衛権の承認から出発するという愚行を犯している。そして、この矛盾を解消することは、一足飛びにはできないので、憲法九条の完全実施への接近を段階的に進めるとしている。

この第一段階は、日米安保解消前の段階であり、憲法九条のこれ以上の蹂躙を許さず、軍拡に終止符を打って、軍縮に転じることが急務としている。

第二段階は、安保が破棄され、日米軍事同盟から抜け出す段階であるが、安保破棄と自衛隊解消の国民的合意とは別問題であり、この段階では、民主的政権のもとで自衛隊解消の国民的合意の成熟をはかり、自衛隊の民主的改革を行うとする。

第三段階は、国民の合意で憲法九条の完全実施、自衛隊解消に取り組む段階であり、世界・アジアの国々と対等・平等・互恵の友好関係を築き、日本の中立の地位の確立、平和外交で貢献し、この努力の中で自衛隊の解消に本格的に取り組む、としている。

しかし大会決議は、「自衛隊問題の段階的解決というこの方針」は、「自衛隊と憲法の矛盾がつづく」ということであり、「憲法と自衛隊の矛盾を引き継ぎながら」進んでいくしかないとして、以下のようにいう。

「そうした過渡的時期に、急迫不正の主権侵害、大規模災害など、必要に迫られた場合には、存在している自衛隊を国民の安全のために活用する。国民の生活と生存、基本的人権、国の主権と独立など、憲法が立脚している原理を守るために、可能なあらゆる手段を用いることは、政治の当然の責務である」

大会決議の段階的解消論は、日本共産党の「民主連合政府論」と対になって出されているが、この段階的解消論の是非はここでは問わない。重要なことは、「自衛隊の活用」の是非である。問題は、大会決議がいう「急迫不正の主権侵害」とは、何かということだ。決議では、この説明をまったく行っていない。

だが、同大会の志位和夫委員長の中央委員会報告では、「『急迫不正の主権侵害』がおこったときに、国民に抵抗をよびかけながら、現に存在している自衛隊にだけは抵抗を禁止したとしたら、これはおよそ国民の理解はえられない」としている。

つまり志位は、「急迫不正の主権侵害」とは、「国民に抵抗を呼びかける」ほどの情勢であるとする。とするなら、この志位の情勢判断は、大規模テロか、敵の日本侵攻などの情勢を想定していると言わざるを得ない。

志位は、この報告において「自衛隊の活用」論は、「理論的想定に対する理論的回答」だとして煙に巻くのだが、だとしたら、なぜ「国民的抵抗」などという状況を想定しているのか。

この大会決議は、やはり「国家自衛権の承認」を前提した議論を行っていることに最大の問題がある。つまり、憲法九条は国家の自衛権を認めているので、「急迫不正の主権侵害」に対しては、現に存在する自衛隊を活用して戦う、とするものだ。

しかし、憲法九条に貫かれている平和主義は、そのような事態を国際関係において、少なくとも日本は起こしてはならないとするものだ。つまり、戦後日本における憲法九条の存在は、あらゆる想定される紛争について、ねばり強く政治的解決、平和的解決を行わねばならないとしているのだ。

日本共産党の「自衛隊活用論」は、この憲法九条の基本的存在価値を曖昧にし、自衛隊の現実的承認への道を開く危険を内包している。したがってこの大会決議は、改憲批判・改憲反対の根本的論理に水を差すものというべきである。

憲法九条の歴史的意義

改憲情勢の切迫を前にして、今私たちが認識すべきことは何か。これは、「平和基本法」や「自衛隊活用論」という、憲法と自衛隊の関係について、あれこれいじくり返すことではない。今大事なことは、戦後日本国憲法の平和主義の原則を再確認し、その原点をしっかりと捉え直すことだ。

憲法九条（前文を含む）は、日本帝国主義のアジア太平洋戦争によるアジアの民衆二千万人以上の殺戮、日本の三〇〇万人以上の戦死者という犠牲の上に制定・成立した。つまり憲法九条は、この戦争による幾多の屍の上に書かれたものであり、この意味では「押しつけ憲法」などではなく、アジアと日本の民衆による平和意思の宣言なのである。

重要なことは、戦後日本国憲法の制定・成立は、日本の民衆の意思であるばかりか、アジアの民衆の意思でもあるということだ。そして戦後日本は、憲法九条の制定によって、はじめて、アジアと国際社会に復帰することが可能になったということだ。この意味では、極東軍事裁判による戦犯裁判もまた、その裁判形式の問題はともかく、この裁判を承認することによってのみ日本は、アジアと国際社会に復帰することができたということである。

つまり、憲法九条を中心とする日本国憲法の意義は、その前文にあるとおり、戦後日本の世界への「平和主義・平和国家宣言」としてあるのである。言い換えれば戦後日本は、世界に先駆けて軍隊・戦争・自衛権の放棄という「国家非武装」の宣言を行ったのであり、この意味では、憲法九条の制定は、人類史的な意味での歴史的意義を有しているのだ。

一九〜二〇世紀の、幾多の悲惨な戦争や内戦を通じて、人類が軍隊・戦争をなくすことは、文字通りの悲願であった。この認識から、一九世紀以来のブルジョア革命も、社会主義・共産主義革命も、「常備軍の廃止」という国家問題に関する綱領（軍事綱領）を書き込んできた。しかしながら、この軍事綱領は、幾多の革命が実現を目指しながらも、頓挫することになった。

憲法九条は、この意味で人類の悲願である「常備軍の廃止」＝「国家非武装」という、歴史的課題の実現に挑んだのだ。だから憲法九条の実現は、平和を願う世界の人々の希望であると同時に、真の社会主義・共産主義プログラムの実現でもあるのだ。

したがって、今日の改憲勢力による憲法九条の破棄は、アジアと世界に対する「戦争国家宣言」をなすことに他ならないということである。だから今こそ、憲法九条の原点的護持が必要なのだ。

ところで、先の「平和基本法」提言や日本共産党大会決議が述べる、現在の憲法九条と自衛隊の存在の間には、大きな乖離があることは確かだ。そしてこの乖離を埋めるために、様々な自衛隊の軍縮論や政権構想も必要である。しかし大事なのは、この憲法九条の原点を見失うことなく、二一世紀現代においてこの実現のための論理を創り出すことだ。その論理とは、すでに今日の先進国社会においては、戦争が不可能となっていることを明らかにすることである。

先進国での戦争の不可能性

先進国では戦争は不可能――この理由の第一は、先進国における高度工業社会の存在だ。先進国の国家間において、第一次大戦、第二次大戦のごとく戦うということは、もはやできない。先進国の交通・通信・電気などのネットワークの高度の発達と、生産・流通などで形成されている重層的なインフラの発達は、これが一時的といえども停止したり、破壊されたりすることは、経済活動の停止のみならず、全面的な社会の崩壊にさえつながるのだ。

例えば、日本の原発である。全国には、五五基の原発施設が設置されている。この原発が一基といえども破壊されたとするならば、どうなるのか。おそらくパニック的事態の中で、国民の「日本脱出」が始まる。

原発ばかりではない。日本のすべての航空・空港は（在日米軍や自衛隊を含めて）、ただ一箇所の管制センターでコントロールされており（所沢）、生産・流通・交通の基礎となっている通信ネットワークも、一極集中でもろい。また、日本から世界に向けて繋がる光ファイバー網も（銚子沖）、脆弱だ。

これは、日本だけではない。例えば、お隣の韓国。ここでも、全国に二〇基の原発を抱えている。韓国が仮に朝鮮半島で戦争を始めたとするなら、もはや韓国ばかりか朝鮮半島には人は住めなくなる。つまり、韓国にとって第二次朝鮮戦争は、絶対的に起こしてはならない事態なのだ。

このことは、現在進行しているアメリカのアフガン戦争、イラク戦争などの戦争は、「二〇世紀型」の戦争であることを意味する。つまり、帝国主義の古典的な侵略戦争であるということだ。言い換えると、アメリカを含む先進国は、この古典的な侵略戦争などを含む海外での戦争以外には、戦争を想定していないということである。

これは、日本も同様である。新大綱などでは、日本への侵攻はほとんどないことを記述している。したがって、現在想定されている対テロ・ゲリラ・コマンドウ戦争は、「周辺事態」下の「海外」での戦争であるということだ。

筆者は、常々指摘しているのだが、これは冷戦下でも同様であった。冷戦下では、「ソ連の脅威」が激しく宣伝され、ソ連の北海道を含む日本侵攻が現実性を伴って語られていた。しかし、自衛隊の防衛戦略を見ると、もっとも重要な防衛対象である全国の原発施設は、ミサイル防衛網から、すっぽり抜け落ちていたのだ。すなわち、空自・陸自の対空ミサイル部隊は、青函地区・東京圏・名古屋圏・大阪圏・北九州圏の都市や基地を防護するように配置はされていても、原発が置かれている地域には、まったく配備されていないのである。

この原発防護については、最近になり対テロなどの口実で防護対象に加えられた。だが、これはまやかしものだ。なぜなら、旧ソ連の強力な航空攻撃に対しても防護対象にならなかったものが、一握りの北朝鮮ゲリラの攻撃をもって対象化されるはずがない！

つまり、自衛隊は、冷戦下においても国内での戦争は、実際的にはまったく想定していなかったということなのだ。

（註　別の観点からの指摘も必要だろう。冷戦下において、あたかも旧ソ連の日本侵攻が現実的であるかのような宣伝がなされ、自衛隊はこのもとで、日本防衛の任に役立っていたかのような説が現在、流布されている。しかし、これは冷戦の本質をまったく理解していない言説だ。

冷戦とは、米ソの核を含む軍拡競争であるが、この目的は、米ソの双方において、その世界支配権形成のための争いでしかなかったのだ。つまり、アメリカの対ソ抑止戦略の意味は、日本を含む西側世界を、ドル体制のもとにつなぎ止めておくための軍事的緊張政策であり、世界支配政策であったということだ。

言い換えれば、アメリカの対ソ抑止戦略は、旧ソ連との戦争、あるいは、戦争による打倒を目的としていたのではなく、その軍事的緊張政策による西側の動員と支配の強化を狙っていただけである。

このことは、旧ソ連側でも同様であったということだ。旧ソ連の軍事的肥大化、アメリカとの軍拡競争は、西側世界への侵攻を想定していたのではなく、その軍事的緊張政策による東側世界の動員と支配の強化を目的としていたということだ。）

結論するなら、二一世紀の現代世界、とりわけ先進国では、戦争が不可能化し、無意味化したということだ。これは、同様の意味において、もはや「国防」「国土防衛」という言葉も、意味をなし得なくなったということである。つまり、自衛隊を含む先進国の軍隊は、すでに「国防」や「国土防衛」のためにあるのではなく、それ以外の目的のために、海外での帝国主義的権益・覇権の獲得のためにのみ存在しているということだ。

少子化社会の中の軍隊

先進国では戦争は不可能――この意味は、先進国の高度工業社会の存在だけではない。これはまた、先進国での民主主義の発達による人権の尊重（人命の尊重）、そして、少子化社会という現象がそれに拍車をかけている。

さて、この先進国では、もはや戦争は不可能という教訓を示したのは、アメリカにとってのベトナム戦争であった。この戦争で五万人以上の戦死者を出したアメリカは、その戦争の敗北が国内の反戦運動によって生じたことを否応なく認識させられた。そして一九七〇～八〇年代、米軍は世界の紛争地域において、地上軍を引きあげ、海空軍力の増強によって戦争政策を継続しようとしたのである。いわば、米兵の戦死者を膨大に生じさせる地上軍は引きあげ、これを賄うために比較的戦死者の少ない海空軍力で補おうとしたのだ。

だが、アメリカのこの教訓は、ベトナム戦争の風化とともになし崩し的に消え去っていく。九〇年代初頭の湾岸戦争では、ベトナム戦争以後、初めて大規模な地上軍が湾岸地域に投入された。しかし、この戦争の戦死者が百数十名であったことからも明白であるが、地上軍の投入は、徹底的な海空軍の爆撃の後からであった。

そして今、アメリカの対イラク戦争だ。ここでももちろん、地上軍の犠牲を押さえるために、海空軍の大規模爆撃が行われたが、イラクでの占領政策の破綻によって大規模な地上兵力の長期投入が避けられなくなったのである。この結果は、周知の状況を生み出した。米兵の膨大な戦死である。

この戦死者は、〇六年五月現在、二四三六人を数えるという規模に達している。おそらく負傷者は、その数倍の規模であろう。そして帰還米兵の三割は、ＰＴＳＤ（心的外傷後ストレス障害）が生じていると報道されている（湾岸戦争では、帰還米兵の約二割）。

このイラク戦争での戦死者の爆発的増大の結果、アメリカ国内で急速に広がっているのが反戦運動だ。とりわけ、その運動の中心を担っているのは、帰還兵士たちであり、特に兵士の家族である。

昨年（〇五年）夏、ブッシュ大統領のテキサスの牧場前に、たった一人で座り込んだシンディー・シーハンさんの行動は、以後、全米に熱烈な支持を広げていった。シーハンさんの息子ケイシーは、〇四年五月、イラクで戦死させられてしまった。その悲しみの中からシーハンさんは、ブッシュに直接謝罪を求め、立ち上がった。そして今彼女は、「反戦の母」としてアメリカのイラク反戦運動の先頭に立ち、闘っている。

つまり今や、アメリカでイラク反戦運動を中心になって支えているのは、イラクに派兵された兵士たちの家族なのである。この兵士の家族の反戦運動への歴史的登場、この意味は大きい。つまり、いわば、アメリカの幾多の戦争の中で、初めて兵士の家族が声を上げたということだ。つまり、厳しい軍紀のもとにある兵士たちを代弁して、その家族が反戦の声を社会的に広げつつあるということだ。

この兵士の家族の声は、チェチェン戦争を続けるロシア国内でも起こっている。ここでも、「息子たちを帰せ」という母親の声が、大きく広がっているのだ。これは、おそらくイラク戦争を続けるイギリス、イタリアなどでも、多少の違いはあれ、同様だろう。

そして、特筆すべきことは、現在、イラクへ派兵している自衛隊でも、その最初の出動時から、隊員家族の声が上がったということだ。これは自衛隊においても、初めての出来事である。自衛隊法下で政治的言動を禁じられている自衛官を代弁して、その家族たちは発言していったのである（詳細は『自衛隊のイラク派兵』社会批評社刊）。

このような、最近の戦争での兵士の家族の行動をどのように見るべきか。ここには、いくつかの理由がある。一つは、先進国社会での民主主義の発展——人権・人命の尊重は、もはや戦争による「無意味な死」を受け容れがたくしているということだ。もう一つは、先進国に共通する少子化問題である。ここにおいて親たちは、「一人息子・娘」の戦死を伴うかもしれない戦争を拒まざるを得ないのだ。

この二つは、相互に絡み合いながら、先進国社会での戦争拒絶の力になりつつある。分かりやすく言えば、「一人息子・娘」たちが、戦死をもたらすかもしれない戦場に行かされるならば、多くの親は、徹底的に引き留めにかかるのだ。さらに言うなら、戦場で戦死するよりは、それを拒んで監獄にぶち込まれる方がベターということだ。この反戦行動は、「英雄」として人々に賛美されるかも知れない。

つまり、先進国社会では、人権・人命の尊重という意味でも、少子化社会という意味でも、もはや戦争は成立しないのである。もちろん、このことは先進国だけに限定されない。民主主義が発展しつつある発展途上の諸国でも、この傾向が広がることは不可避だ。

そして、戦争が成立しなくなるということは、同時に軍隊も成立しなくなることを意味する。先進国社会の中で、憲法の適用外に置かれている軍隊は、人権と自由を抑圧する装置として、もっとも非社会的存在になっている。社会の構成員――一市民であるべき兵士が、憲法の適用除外にされることは、兵士の権利が阻害されるだけでなく、市民社会もまた、一定の権利を阻害されるということだ。したがって、もはや先進国社会での軍隊の存在は、その社会発展にとっての阻害物になりつつある。

おそらく近い将来、戦争・軍隊・兵器などは、まぎれもなく「博物館」に飾られるべきときがやってくる。そのとき人類にとって初めて、本当の意味の平和が訪れるのだ。

過渡期の自衛隊政策

以上を前提として、筆者の私的な過渡期の自衛隊政策をまとめると、以下のようになる。

第一は、自衛隊の海外派兵・海外出動は、すべてを中止すべきである。これらには、テロ対策特別措置法、イラク特措法、周辺事態法、PKO法にもとづく、すべての海外出動を含む。また、「中国脅威論」「テロ脅威論」による、新大綱・新中期防の軍拡の中止も必要である。

第二は、自衛隊への「市民的統制」の徹底である。現在のシビリアンコントロールは、文民統制も、国会統制も機能していない。もちろん、特に国会統制は強化すべきだが、本来の軍隊への統制のあり方は、「市民的統制」にある。これは、すでに基地に対する地域市民の一定の監視・統制としては存在している（横田・横須賀・厚木・岩国・佐世保・沖縄などの地域）。これを強化し、例えば、情報公開法などの活用による、市民的統制も創り出していくべきだ。

第三は、自衛隊内の民主化の実現である。隊内、特に営内（兵営）が、憲法の適用外に置かれていることは、自衛官の人権を著しく損なっている。この営内制度の廃止が、第一の条件である。その上で、自衛官の思想・言論・集会の自由、労働基本権などの人権を保障すべきである。自衛官に基本的人権が保障されたとき、これは「市民的統制」としても機能する。つまり、軍隊内の「制服を着た市民」(自衛官)による統制だ。

第三は、自衛隊への「軍事オンブズマン・オンブズパーソン」制度の導入である。これは、自衛隊および政府から独立した機関として、市民に選ばれた代表が、いつ、いかなるときも、自由に隊内に立ち入り、隊内の人権侵害・自殺問題などのあらゆる調査を行うことができるとするものである。この制度は、すでにドイツなどの北欧諸国で導入されているが、これによって、先進国社会と軍隊の「矛盾的両立」は、かろうじて、保たれていると言えよう。

第四は、自衛隊の大幅な軍縮の実現である。自衛隊は、冷戦終了後、軍縮をまったく行わなかった、世界の中で例外的な軍隊である。海外出動の停止とともに、弾道ミサイル導入中止などの大幅な軍縮は不可欠である。冷戦期の対着上陸侵攻を想定した陸自の戦車・火砲、海自の護衛艦・対潜哨戒機、空自の戦闘機などの削減を徹底し、この予算を他に回すのではなく、防衛費の大幅削減とすべきである。

このような、過渡期の自衛隊政策の流れの中で、自衛隊の廃絶に向かう最終方向も見えてくると言っていい。これも私論だが、自衛隊の最終存在形態は、国内外での災害救助に組織転換することが考えられる。とりわけ国内の災害救助は、最近の大災害の続発からして、当然必要になるかもしれない。だが、国外での災害救助出動は、慎重にすべきだろう。

「平和基本法」の提言では、国外での災害救助や国連指揮下の別組織の「国際緊急援助隊」を構想しているようだが、現在の国連のあり方からこれらの組織の「武力行使」はありうる。まずは国連自体が、戦勝国＝核大国＝常任理事国という構成の根本的変革を行わねばならない。日本の常任理事国入りは問題外だ。だが、国連がアメリカを軸とする大国政治に利用されるばかりでは、それは機能しているとは言えない（もっとも、アメリカの国連離れ、単独行動主義も問題である）。

この自衛隊の最終的存在形態では、例えば、アジア太平洋での地域協力による（地域機関の合意・決議）、地域に限定した「災害救助隊」への転換も、あり得るかもしれない。

いずれにしても、このアジア太平洋地域での災害協力は、日本による憲法九条の堅持、自衛隊の大幅な軍縮によるアジアとの「平和関係の構築」が大前提となる。憲法九条による平和主義が、真に具体化・実践化されたとき、それはおのずと形作られるのだ。

日本の政治状況は、ここ数年、文字通り戦後史を画する転換の時期に入ろうとしている。憲法改定をめぐる攻防は、まさしくその最大の問題だ。ここでは、今後の日本とアジアのすべてが問われている。またここには、日本の子どもたち、青年たちの未来もかかっているのだ。私たちは、その責任の一端を負わねばならないだろう。

［関連資料］

●「防衛力の在り方検討会議」のまとめ（二〇〇四年一一月）

1 防衛力の在り方検討

9・11テロなど国際テロなどの新たな脅威が安全保障上の重大な問題となるなど、安全保障環境の劇的な変化などを踏まえ、防衛力の在り方検討会議において、約3年間にわたり数多くの会議を開催し、今後の防衛力の在り方や業務全般の在り方などについて累次検討を重ねてきた。さらに、本年5月以降は、特に各自衛隊の将来体制を中心に、集中した検討を行い、基本的な方向性を確認したところである。

2 抑止の概念

今後の防衛力の在り方の検討に当たり、現在の防衛力の整備等の基本的な考え方となっている基盤的防衛力構想が前提とする抑止の概念を整理することが必要である。

（1）基本的な考え方

「抑止とは何か」については、広い概念では、「費用と危険が敵対者の期待する結果を上回ると敵対者自身に思わせることで、自分の利益に反する行動を敵対者にとらせないようにする行為」をいう。

抑止は二つに分類でき、一つは懲罰的抑止（敵対者に対して攻撃的行動を開始すれば耐えられないような制裁を加えるという威嚇を行うことによって、敵対者に恐怖心を起こさせ、攻撃的行動を自制させること）であり、他方は、拒否的抑止（敵対者の特定の攻撃的行動の目的達成を拒否する能力を備え、敵対者に目的達成のコストを認識させることによって、敵対者に攻撃的行動を自制させること）である。

（2）抑止の限界

抑止の限界としては、以下のことが考えられている。

・敵対者を特定できない場合には、抑止する側が威嚇として何が有効かを判断することが困難となり、抑止のための威嚇を準備することができない。

・抑止する側は敵対者の意図や反応の予想を行う上で、敵対者の考え方と行動様式に関する深い知識が必要であるが、敵対者を特定できない場合には、こうしたことは困難である。

・敵対者が抑止する側にとって合理的と考えられる判断をすることが常に期待できるとは限らない。

（3）我が国防衛のための抑止力

我が国は、基盤的防衛力構想に基づき整備される防衛力を拒否的抑止力として、米国の機動打撃力等を懲罰的抑止力とし、その平和と安全を確保してきた。また、核抑止については、我が国は非核三原則等により一切の核兵器を保有しないこととしている。

このような我が国防衛のための抑止力の考え方が、今日でも実効性を持ちうるのか否か検討が必要であることから、我が国を取り巻く安全保障環境、基盤的防衛力構想の取扱い、我が国が保有すべき防衛力などについて、今回検討を行った。

3　安全保障環境

（1）国際情勢

①全般

冷戦終結後既に10年以上が経過し、国家間の相互依存関係が深化・拡大しつつあり、安全保障上の問題に関する国際協調・協力の進展などにより、冷戦時代に想定されていたような世界的な規模の武力紛争が生起する可能性は、一層遠のいている。

他方、9・11テロのように、国家間の軍事的対立だけでなく、国際テロ組織などの特定困難な非国家主体による活動が安全保障上の重大な脅威として注目されている。また、大量破壊兵器や弾道ミサイル等の統治面などで問題のある国家への拡散・移転が進み、非国家主体が取得、使用するおそれも高まっている。

さらに、領土、宗教等に起因する種々の対立が表面化、先鋭化する傾向にあり、複雑で多様な地域紛争が発生している。加えて、軍事的対立に止まらず、テロ活動、海賊行為等の各種不法行為や緊急事態などが安全保障上重要な問題となっている。これらの新たな脅威や平和と安全に影響を与える多様な事態（以下「新たな脅威や多様な事態」という。）への対応が各国及び国際社会にとって差し迫った課題となっている。

こうした状況のもと、国家間紛争の防止には、抑止力の維持は引き続き重要であるが、国際テロ組織等非国家主体や統治面等で問題のある国家は、その行動に際して常に合理的な判断を期待できず、また、多様な事態については、冷戦時代に想定されていた本格的な侵略事態とはその形態等が異なるため、従来の抑止の考え方が必ずしも有効に機能し得ないものとなっている。

②各国の対応

このような状況において、国際的な安全保障環境の安定を図ることは、各国の共通の利益となっており、各国は安全保障上の問題解決のため、軍事力を含む各種の手段を活用し、諸施策の連携と国際的な協調の下、幅広い努力を行っている。この中で、軍事力の役割は多様化し、抑止・対処との役割に加え、国内外の安全保障環境安定化のため、平素から多様な場面で積極的に活用されるに至っている。

（2）我が国周辺地域の情勢

我が国周辺地域では、二国間及び多国間の連携・協力関係の強化が図られてきており、引き続き、我が国の着実な防衛努力と日米安保体制の実効性が確保されれば、我が国への本格的な侵略事態が生起する可能性は低下している。

他方、我が国周辺地域は、民族・宗教・政治体制などで多様性を有するとともに、複数の主要国が存在し、利害が錯綜する複雑な構造を有し、統一、領土問題や海洋権益をめぐる問題も存在している。また、この地域の多くの国々では、軍事力の拡充・近代化が行われてきている。

このように我が国周辺地域の情勢は、NATO、EUの拡大等を通じて一層の安定化が進んでいる欧州の安全保障環境とは大きく異なることに留意する必要がある。

（3）科学技術の飛躍的発展

情報通信技術等科学技術の進歩は、戦闘力の飛躍的な向上といった軍事力の変革をもたらし、旧来の装備では戦闘に支障が生じる状況も現出しつつある。今後こうした傾向はますます加速する可能性があり、各国の防衛戦略にも大きな影響を与えるとともに、装備体系等の見直しを迫るものとなる。

（4）我が国の特性

我が国は、ユーラシア大陸の大国と近接しており、戦略上の要衝に位置している。また、細長い弧状の列島からなり、奥行きに乏しく、長大な海岸線と本土から遠く離れた多くの島嶼を有している。このような地理的な特性の下、狭隘な国土に多数の人口を抱え、特に都市部に産業・人口が集中、経済の発展に不可欠である重要施設が沿岸部に多数存在するなど、地勢面において安全保障上、特に配慮すべき脆弱性を抱えている。

また、市場主義、自由貿易体制などの経済システムに基盤を置く我が国の繁栄、発展のためには、国際的な安全保障環境の安定が不可欠である。

（5）防衛庁・自衛隊を取り巻く環境

近年、自衛隊に求められる任務は多様化し、拡大するとともに、武力攻撃事態等への対処に関する法制の整備等、緊急事態への対処に関する制度の整備が進められている。一方、防衛庁・自衛隊を取り巻く環境は、厳しい経済財政事情、自衛官の採用に適した若年人口の減少傾向など全般的に厳しく、この中で国内外の安全保障環境の安定化のため、いかにその役割を果たすかということがより問われるようになってきている。

4　基盤的防衛力構想の見直し

基盤的防衛力構想については、我が国周辺地域の動向を踏まえると、我が国に対する侵略を未然に防止するため一定の有用性を有しているが、安全保障環境が大きく変化しており、今日の安全保障環境に適合するように見直すことが必要である。

（1）事態への有効対処の重要性

基盤的防衛力構想は、防衛上必要な各種の機能を備え、後方支援体制も含めてその組織及び配備において均衡のとれた態勢を保有することを主眼とし、存在することによる抑止効果を最も重視している。しかしながら、我が国に対する新たな脅威や多様な事態は、事前の兆候なく発生する可能性があり、従来の存在することによる抑止が必ずしも有効に機能しない。このため、我が国の防衛力は即応性や機動性をもって、各種事態に有効に対処し、被害を極小化することが最も求められており、新たな防衛構想については、事態に有効に対処する能力をより重視することが必要である。

（2）国際社会の相互依存関係の進展

基盤的防衛力構想は、国際情勢の対立的構造を前提とする「力の空白論」に依拠しているが、現在、国際社会では平和と安定に向けた協力を推進する動きが定着し、各国は安全保障面・経済面などで、多国間及び二国間の関係を深化させ、重層的で複雑な関係を持つに至っている。新たな防衛構想については、国際情勢の対立構造よりも、相互依存関係をより重視することが必要である。また、このような中、我が国もまた国際社会の平和と安定のために主体的かつ積極的に取り組むことが重要となっている。

5　日米安保体制を基調とする米国との協力関係並びに関係諸国・国際機関との協力

日米安保体制については、新たな安全保障環境の下、新たな脅威や多様な事態への対応を含む我が国の安全保障の確保や我が国周辺地域における平和と安定の確保のための役割を果たし続ける。また、こうした役割のみならず、両国の協力関係は、自衛隊の海外での活動をみても明らかなように、よりグローバルな観点も踏まえた国際社会の平和と安定のための取り組みにも重要な役割を果たすこととなる。このような中、今後の防衛力は、我が国の果たすべき役割について、例えば、新たな脅威や多様な事態への対応に際しての我が国の対処能力の保持の在り方を含めて、日米間における適切な役割分担を明らかにすることにより、日米安保体制の実効性を高めることが重要である。

さらに、我が国を含む国際社会の平和と安定のため、米国との協力関係とあいまって、ASEAN地域フォーラムなどの関係諸国との二国間・多国間の安全保障に関する対話・協力の推進や国連等の国際機関の諸活動における協力を推進する。

6　新たな防衛構想

（1）防衛構想の前提となる今日の安全保障の考え方

我が国の安全保障の目的は、我が国の平和と独立を確保し、その繁栄を維持、発展させることであり、新たな安全保障環境の下、我が国として、安全保障上の問題に的確に対応し、危機に強く、国民が安全に安心して暮らせる国家を実現する必要がある。

また、今日の安全保障上の問題は一国のみでの解決が困難であり、同盟国をはじめとする国際社会における協調・協力がこれまで以上に必要とされていることを踏まえ、我が国の平和と独立の前提となる国際社会の平和と安定のため、我が国としても、主体的・積極的に取り組む必要がある。

その際、今日の安全保障上の問題には抑止が困難なものもあり、総合的対応が必要であり、政府として、日米安保体制を基調とする米国との協力、関係諸国や国連等の国際機関との協力の下、外交努力の推進、防衛力の効果的な運用を含む諸施策の有機的な連携により、迅速かつ的確な対応を行うことが重要である。

（2）多機能で実効的な防衛力の構築

新たな防衛構想については、我が国に対する本格的な侵略事態が生起する可能性はほとんどないとはいえ、我が国に対する侵略事態を未然に防止するため、周辺地域の動向を踏まえ、抑止効果を目的とした防衛力を引き続き保有することは必要であるが、「より機能する自衛隊」として、今日の安全保障上の重大な課題である新たな脅威や多様な事態に対して有効に対応し得る防衛力を保有し、整備・維持・運用することをより重視すべきである。また、防衛力については、我が国の平和と安全をより確固たるものとするため、米国との協力、関係諸国や国連等の国際機関との協力の下、我が国の国益や特性を踏まえて、主体的かつ積極的に国際社会の平和と安定を確保するための活動（以下「国際活動」という。）に取り組むことも必要である。

現在及び今後の安全保障環境の下では、このように防衛力が多様な段階・局面に機能することが求められ、実際に起こり得る各種事態に対して、即応し、機動的かつ柔軟に運用され、実効的に対応できることが必要である。すなわち、我が国としては、このような多機能で実効的な防衛力をもって、我が国の平和と安全を確保することが必要である。

なお、基盤的防衛力構想では政治的なリスクがあるとされていたが、各種事態に実効的に対応するという多機能で実効的な防衛力の特質を踏まえれば、このような政治的なリスクを極力小さくすることが必要である。また、起こり得る事態に対する防衛力の対処能力について整理することにより、内閣が政治的リスクを把握し得るようにする。

7　国際活動の位置付け

我が国としては、国際活動について、我が国の平和と安全をより確固たるものとするため、主体的かつ積極的に国際活動に取り組むという、能動的な位置づけを与えることが必要である。

8　防衛体制の基本

多機能で実効的な防衛力を実現する防衛体制の基本は、以下のとおりである。

（1）統合運用の強化

陸・海・空三自衛隊を有機的、一体的に運用し、自衛隊の任務を迅速かつ効果的に遂行するため、統合運用体制を強化する必要がある。多機能で実効的な防衛力は、このように陸・海・空各自衛隊の部隊が統合運用されることにより、その能力を発揮することができる。このため、防衛庁長官の指揮命令について新統合幕僚長を通じて一元的に実施する体制を構築するため、中央組織や人的・物的資源配分について抜本的に見直すこととする。具体的には、まず、平成17年度の統合幕僚監部（仮称）の創設、各幕の改編を嚆矢とする。また、統合幕僚監部は、各幕僚監部に対して、統合運用に関する防衛力整備「指針」を発する等してリーダーシップを発揮する体制を確立するものとする。また、統合運用の実効性を確保するため、統合幕僚監部は、長官直轄化され庁の中央情報機関となる情報本部とも密接に連携する。

（2）情報機能の強化

多機能で実効的な防衛力を機能させるためには、高度な情報能力の保有とその十分な活用が不可欠であり、情報能力は、単なる支援的要素ではなく、防衛体制の基本の一つとして位置づけることが適当である。このため、戦略環境や技術動向等を踏まえた高度で多様な情報収集能力や総合的な情報分析・評価・共有能力を充実させるなど、情報機能を抜本的に強化するものとする。

（3）科学技術の飛躍的発展への対応

情報・科学技術の進歩に伴う「軍事力の革命」につき、我が国の防衛力に的確に反映させることが必要であり、具体的には、作戦スピードの加速、統合・ネットワーク化による戦力発揮、戦場認識能力及び精密攻撃能力の強化、無人化、省人化、効率的な兵站管理などについて、積極的に導入し、自衛隊のＲＭＡ（軍事革命）を推進する。

（4）人的資源の最大限の活用

防衛力の整備・維持及び運用にあたっては、部隊における人員の養成・管理を徹底するとともに、将来体制移行にあたり、特定の部隊の合理化を図りつつ、強化する部隊に定数を充当する方策を追求し、体制・業務全般を見直し、貴重な人員を最大限活用する。

（5）関係機関や地域社会との協力

我が国の安全保障は、防衛庁・自衛隊のみで確保できるものではなく、我が国の総力をあげて確保していくべきものである。特に、新たな脅威や多様な事態に的確に対応するには、従来以上に、関係機関や地域社会を含む総合的な対応が必要となっている。

9 保有すべき防衛体制

多機能で実効的な防衛力が構築する防衛体制は、以下のとおりである。

（1）新たな脅威や多様な事態に実効的に対応する体制

新たな脅威や多様な事態とは、例えば、大量破壊兵器や弾道ミサイルによる攻撃、テロ攻撃、ゲリラや特殊部隊による攻撃、島嶼部への侵略、サイバー攻撃、テロ活動や工作員・工作船活動などをはじめとする各種の不法行為、大規模・特殊な災害をはじめとするものである。これらに実効的に対応するため、部隊の即応性、機動性を一層高め、統合運用を基本として柔軟に運用できるものとするとともに、その部隊の特性に応じて集約又は分散した編成・配置とする。

以上を踏まえた、各自衛隊の主要な体制は以下のとおりである。なお、各自衛隊の具体的な体制については、次項11において詳述する。

陸上自衛隊については、普通科を中心に強化を図り、その際、戦車や火砲等を削減することとし、これにより、事態に実効的に対応し得る編成・装備となるような体制を確立する。また、各種事態が生起した場合に事態の拡大防止等を図るため、各地域に配備する作戦基本部隊（師団・旅団）が保持するには非効率である機動運用部隊や各種専門部隊等を中央で管理運用し、一元的な指揮の下、事態発生時には各地に部隊等を提供する中央即応集団（仮称）を創設する。

海上自衛隊については、部隊の即応性・柔軟性を確保するため、固有の部隊編成を見直し、フォースユーザー・フォースプロバイダーの概念を徹底する。また、修理・補給等の基地支援機能（いわゆるフォースサポーター）を確保する。

航空自衛隊については、警戒監視・情報収集能力の強化、機動運用のための輸送力の強化及び対地精密攻撃能力の向上を図るとともに、現在の安全保障環境を踏まえ、戦闘機部隊を適切に配置する。

また、弾道ミサイル防衛については、統合運用の下、対処態勢の整備に努めることとし、政策、運用、技術面での日米協力の推進、将来構想の策定、法制面、武器輸出三原則等との関係の整理等を進めていく。

さらに、無人偵察機については、陸・海・空三自衛隊における無人偵察機の在り方について、総合的な検討を行う。

（2）国際活動に主体的・積極的に対応する体制

我が国として、紛争の予防、平和維持、さらには、復興等の国づくりに至るまで、幅広い視観点から、安全保障を考えていくことが必要である。このため、平素から安全保障対話・協力、防衛交流の推進、軍備管理・軍縮分野の諸活動への協力等も行うことにより、我が国を含む国際社会の安全保障環境の安定化に努める必要がある。

このような考え方の下、今後の防衛力については、国連をはじめとする国際的な協調の下に実施される、国連平和維持活動、国際的なテロリズムの防止と根絶や大量破壊兵器の拡散防止に向けた国際社会の取り組みへの協力、国際的な人道復興支援などの国際活動を的確に行うため、統合運用を基本として、輸送能力等の向上など、即応性、機動性、柔軟性を確保し、必要とされる地域に部隊を迅速に派遣し、継続的に活動を行い得る体制を確保する。

以上を踏まえた、各自衛隊の主要な体制は、以下のとおりである。

陸上自衛隊については、国際活動において、人的な支援活動の中心的な役割を果たすこととなるが、一定規模の部隊を迅速に派遣できる体制を新たに整備するとともに、教育部隊の創設を含め継続的に派遣できる体制を確立する。また、国際活動に一次派遣する要員については、各方面隊のローテーションにより待機するものとする。

海上自衛隊については、国際活動に即応し、かつ持続的に対応し得る護衛艦をはじめとする部隊の体制を確立する。

航空自衛隊については、C―Xの導入や空中給油・輸送機の機数を増やすことにより、輸送力を強化する。
（3）本格的な侵略事態に備える体制
見通しうる将来において、我が国への本格的な侵略事態が生起する可能性はほとんどないと判断される一方、防衛力の整備が一朝一夕になし得ないものであることに鑑み、周辺諸国の軍備動向に配意するとともに、技術革新の成果を取り入れ、将来の予測し難い状況変化に備えるため、本格的な侵略事態に対処するための最も基盤的な体制を確保する。

但し、前述の（1）及び（2）の体制と、（3）の体制については、一つの防衛力を多面的にとらえたものであることに留意することが必要である。

10　各自衛隊の具体的な体制

各自衛隊の具体的な体制について詳述すれば、以下のとおりである。

（1）陸上自衛隊の将来体制

現大綱において、陸上自衛隊は、編成定数を18万人から16万人とし、師団・旅団に即応予備自衛官を導入することなどにより、平時に低充足であった部隊の充足と練度を高めるとともに、戦車・特科装備を縮減する一方、機動力の向上に努めるといった体制移行を行うこととし、16年度までに概ね計画の6割程度を実施してきている。これは、諸情勢の変化等を踏まえ、我が国防衛（着上陸侵攻対処）のための戦力を合理化、効率化、コンパクト化するとの観点から行われてきたものである。

現在、9・11テロにみられるとおり、我が国を含めた安全保障環境は更に大きく変化している。具体的には、これまで防衛力の設計上念頭においていた着上陸侵攻についてはその対処までに数ヶ月以上のウォーニングタイムがあると見込まれていたが、現在我が国が直面している新たな脅威や多様な事態（弾道ミサイル攻撃、サイバー攻撃、大規模・特殊な災害、ゲリラ・特殊部隊による攻撃、島嶼部への侵攻など）については、数分～数日間といった時間で対処しなければならないほどの高い即応性が求められており、陸上自衛隊としてもこれら事態への対処に万全を期さなければならない。

現大綱で想定していた我が国に対する本格的な侵略を専ら念頭においた防衛力の設計では、これらの高い即応性を求められる事態への対応は困難と考えられることから、これまでの陸上自衛隊の設計を見直し、新たな防衛力の設計に転換する必要がある。

また、統合運用における実効的な陸上部隊の指揮階梯（方面管区制の是非、陸上総隊の導入の可否の検討）について、統合運用の成果を踏まえつつ、統合幕僚監部と連携して検討する。

①新たな脅威や多様な事態への対応

ア　対機甲戦から対人戦闘への防衛力設計の重点のシフトと部隊の配備　新たな脅威や多様な事態にお

いては様々な様相が考えられ、例えばゲリラや特殊部隊による攻撃事態の際には、普通科等の戦闘部隊を中心としつつ、情報収集のための偵察部隊や航空科部隊、NBC対応のための化学科部隊と一体となった対応が必要である。このため、これからの陸上自衛隊の作戦基本部隊である師団・旅団については、必要な各種機能を保持しつつ普通科部隊等に重点を置く低強度紛争に有効に対処し得る設計（LICタイプ＝即応近代化作戦基本部隊）とすることを基本とし、LICタイプであっても、島嶼部が多く重装備の運用に適さない沖縄に配備する部隊においては戦車は保持しないなど島嶼部の防衛に適したものにするほか、政経中枢の防衛警備を担当する第1師団（練馬）・第3師団（千僧）については隷下の普通科部隊を更に強化するなど地域の特性等に応じた防衛力の設計を行う。

こうした防衛力設計の重点のシフトに伴い、戦車の保有数を大幅に削減するとともに、火砲、対戦車ミサイル、地対艦誘導弾についても、その機種統合等により、保有数を大幅に削減する。他方、輸送ヘリコプターや指揮通信機能、個人装備の充実を図る。また、平成9年度より甲類装備品（火砲、戦車など）を抑制して、新たな脅威や多様な事態に実効的に対応するために不可欠な装備品である車両、無線機、戦闘装着セットなどの乙類装備品の充足の向上を図っているところであり、引き続きこの方向を推進する。さらに、防衛庁としての無人偵察機の在り方の検討の中において、陸上自衛隊の無人偵察機の体制について検討する。なお、米軍の供与品を含め古い装備品については、その更新を積極的に推進する。

イ　機動運用能力、各種の事態に対処しうる専門能力の向上　各種事態が生起した場合に事態の拡大防止等を図るため、各地域に配備する作戦基本部隊（師団・旅団）が保持するには非効率である機動運用部隊や各種専門部隊等を中央で管理運用し、一元的な指揮の下、事態発生時には各地に迅速に戦力を提供する中央即応集団（仮称）（規模：4000人ないし5000人）を創設する。

また、大量破壊兵器であるNBC兵器は、使用された場合、大量無差別の殺傷や汚染が急速に進展することが予想され、こうした事態が拡大することを迅速に防止することが必要であるため、第101化学防護隊を中央即応集団の隷下部隊として置くこととし、同部隊に現在欠落している生物兵器対処能力を補うことなどにより機能強化を図るほか、各地における事態拡大防止のための即応戦力として緊急即応連隊（仮称）を創設する。

なお、初動対処の観点から、師団・旅団においても、現在欠落している生物兵器対処能力を補うなどして、NBC対処能力を強化する。

また、（1）警備区域の地理的位置、（2）重要施設の分布状況、（3）首都圏等重要地域への進出の容易性等を考慮して、事態の拡大防止戦力として、地域配備部隊の一部は必要に応じて全国機動する。例えば、北部方面隊の部隊には、平素は地域警備任務を担わせつつ事態生起の際は必要に応じて転用する。

ウ　先端技術への取り組み　飛躍的に進歩している軍事科学技術や戦闘様相の変化に的確に対応するためには、作戦基本部隊である師団・旅団の改革を不断に進める必要がある。このため、演習場の面などから良好な訓練環境を持つ第2師団（道北）においては各種指揮統制システムを活用して戦車や火砲等を総合的に用いた部隊実験や装備改善、戦技研究等を実施する。また、首都圏に接する第6師団（南東北）においては、政経中枢など都市部における戦闘や対人戦闘などに対し、各種指揮通信システムなどを活用しつつ有効に対処し得る未来型個人装備等を駆使し得るよう、首都圏への機動運用も念頭に置き、部隊実験や装備改善、戦技研究等を実施する。なお、部隊実験等の結果は他の部隊に普及させるとともに、今後の研究開発に反映させる。

②国際活動への対応

国際社会のニーズに応じて自衛隊の迅速な国際活動への派遣ができるような体制（安保理決議採択後30日（複雑な平和維持活動の場合は90日）以内での派遣）を構築する。

国際活動に主体的かつ積極的に取組むため、人的支援活動の中核である陸自において、一定規模の部隊を迅速に派遣できる体制を整備する。

ア　中央即応集団・教育専門部隊（国際活動教育隊＝（仮称））　これまで4〜6ヶ月を要していた派遣準備期間を短縮し、ブラヒミレポートにおいて提言されている安保理決議採択後30日（複雑な平和維持活動の場合は90日）以内の迅速な派遣を可能とする体制とするため、現状では個々の派遣の都度、陸幕と各方面隊との間で個別に計画や訓練などを行ってきたものを、今後は中央即応集団司令部に国際活動の計画・訓練・指揮を一元的に担任させるとともに、派遣要員の平素の教育訓練やPKO対応装備品の管理、ノウハウの蓄積等を行う国際活動教育隊（仮称）を創設する。

イ　派遣部隊の保持要領　今後の国際活動については、普通科部隊や施設科部隊などの派遣する要員をローテーションにより待機させるものとする。具体的には、各方面隊の特性等を踏まえ、北部方面隊を中心としたローテーションとする一方、政経中枢及び島嶼部の防衛警備を担当する部隊はローテーションの緩和を考慮する等、各種事態が生起した場合の対応にも配意したローテーションを構築する。

③従来陸上防衛力の希薄であった地域（南西諸島・日本海側）の態勢強化

沖縄本島は九州から約500km離れ、沖縄本島から最南西端の与那国島までは約500kmに渡り多数の島嶼が広がっている。また、南西諸島は近傍に重要な海上交通路や海洋資源が所在する戦略上の要衝となっている。海上交通路を確保するためには、南西諸島の防衛態勢を強化し、島嶼部への侵略等の多様な事態に的確に対処できる体制を構築することが必要である。このため、統合運用の観点から3自衛隊の横断的な取り組みに留意しつつ、陸上自衛隊においても取り組みを行う。

また、陸上防衛力が相対的に希薄な日本海側におけるゲリラや特殊部隊による攻撃等への迅速な対応を期すべく防衛態勢の強化を行う。

ア　第1混成団の旅団への改編　南西諸島の防衛態勢強化の観点から、第1混成団を旅団に改編する。同時に、軽装甲機動車を増強するなどして機動力の向上を図る。また、島嶼部への侵略等の際に機動的に展開する部隊として西部方面普通科連隊を保持するとともに、島嶼部における情報収集・処理能力を向上させる。

イ　日本海側の態勢の強化　日本海側に面して所在する旅団の普通科部隊の人員増強、狙撃銃の配備のほか、軽装甲機動車・高機動車の増強による機動力強化を図る。また、ヘリ部隊の配置などを行う。

④北部方面隊の新たな意義・位置付け

新たな安全保障環境に対応し、北海道については、冷戦時代の北方重視構想から脱却する一方、他地域とは異なる良好な訓練環境等を踏まえて、青函以南の師団・旅団よりは規模の大きい部隊を配置し、多目的に活用することとする。具体的には、科学技術の進歩に対応してRMAを推進していくことが急務となっていることから、RMAを主導するための実験師団を配置する。次に、発生時期・場所の予測が困難であるゲリラや特殊部隊による攻撃、大規模災害等の新たな脅威・多様な事態への対処に際しては、防護すべき重要施設や人口密集地の分布等に鑑みれば青函以南の備えが重要であるため、必要な場合には北部方面隊の隷下部隊を青函以南に転用するなど、新たな脅威や多様な事態に北部方面隊を積極的に活用して対処する体制を構築する。さらに、我が国防衛と並ぶ重要な任務である国際活動についても、北部方面隊隷下部隊については、高練度の人員や充実した装備（例・96式装輪装甲車）を保有するなど、その特性を活用してイラク復興支援群における第一次・第二次派遣隊となっていたところであるが、今後、国際活動に派遣する部隊についてはこうした特性に鑑み、北部方面隊を中心としたローテーションにより、待機する体制を構築する。

我が国に対する本格的な侵略事態生起の可能性が低下していることを踏まえ、戦車の数量については大幅に規模を縮小することとしているが、将来の予測し難い情勢変化に備えるため、高い機動力・火力等を生かして敵に打撃を与えるという機甲に関する各種戦闘機能に関する専門的知見や技能を最低限維持し得る基盤を保有することが必要である。また、諸外国、特に、米英独露中などでは、その規模は一様ではないが、3個連隊規模の運用を行う機甲師団を維持し、運用能力を保持していることにも着目することが必要である。このようなことから、第7師団については戦車の数量については削減するが引き続き師団として保持する。

⑤陸上自衛隊の編成定数

陸上自衛隊の編成定数については、以下のような見直しを行い、編成定数を16・2万人とし、その内訳は常備自衛官を15・2万人、即応予備自衛官を1万人とする。

・主として着上陸侵攻対処を念頭に置いた戦車及び特科の装備を削減するとともに、対戦車火力、迫撃砲等についても装備の目標数を大幅に下方修正し、これらの装備に関連する人員の合理化を図る。

・新たな脅威や多様な事態への対処の中核となる普通科の組織編成を着上陸侵攻対処型から対人戦闘型に改編するとともに、国際活動への取り組みを強化するため所要の人員を確保する。

・即応予備自衛官については、新たな脅威や多様な事態のうち、比較的リードタイムのある事態などにおいては、常備自衛官を補完する戦力として引き続き有効であるが、今後の陸上防衛力の重点である新たな脅威や多様な事態に迅速に対処するには制約があることも踏まえ、その定数を5000人下げ、1万人とする。

(2) 海上自衛隊の将来体制

①護衛艦部隊

ア　機動運用部隊　護衛艦部隊については、修理・個艦練成段階→部隊練成段階→即応段階B→即応段階Aの練度管理サイクルを基本として編成する。機動運用部隊の基本単位については、新たな脅威や多様な事態にも対応可能な艦種の組み合わせを念頭におき、事態が長期化した際のローテーション等にも考慮して、柔軟に部隊を編成することを基本とし、ヘリ運用を重視したDDHを中心とするグループ（DDH×1、DDG×1、DD×2）とBMD対応を含む防空を重視したDDGを中心とするグループ（DDG×1、DD×3）を基本単位とする。

長期化した任務を持続的に実施するため、即応段階Aと即応段階Bに4個基本単位（計16隻）をおくことにより、国内任務と国際任務をそれぞれローテーションにより対応することが必要。これに練度管理サイクルを勘案すると、機動運用部隊所要として32隻が必要（内訳は、DDH×4、DDG×8、DD×20）。

イ　地域派出部隊　機動運用部隊は担当地域を持たない部隊であるため、沿岸海域において常続的な警戒監視を実施し、突発的事態が生起した場合には初動対処し得る護衛艦部隊が必要である。このため、地域特性を十分に把握した地方総監が、護衛艦隊司令官から派出される護衛艦部隊を運用する。

武装不審船事案等の突発的事態に即応し、効率的に対応するためには少なくとも高練度艦2隻が必要であり、各地域への派出は高練度艦2隻を基本とすることが適当である。ただし、現在の安全保障環境を踏まえれば、太平洋側に面した2警備区においては、東シナ海、日本海側の警備区に比して突発的な事態が生起する蓋然性は低いと考えられるため、日本海・東シナ海側に面した3個警備区（佐世保、舞鶴、大湊）には常時高練度艦を各2隻、太平洋側の2個警備区（横須賀、呉）には可動艦を常時2隻ずつ（うち1隻は高練度艦1隻）を派出し得る体制とする。練度管理サイクルを踏まえると、各警備区への派出には護衛艦計18隻が必要。

②潜水艦部隊

潜水艦は、隠密性、長期行動能力を有し、万一の我が国への侵攻に極めて有効に対処し得る装備であり、その特性を生かした情報収集手段としても有効である。今後は、現在の安全保障環境を踏まえ、我が国周辺海域における新たな脅威や多様な事態に係る兆候をいち早く察知し得るような情報収集等を実施できるようにするため、必要な場合に、我が国周辺の東シナ海、日本海における海上交通の要衝や重要港湾、基地周辺等の6正面に常時潜水艦1隻を配備し得るよう、往返所要日数、作戦可動率等を考慮し、16隻が必要。

また、島嶼部への侵攻を阻止するため、又、島嶼部が占領された場合には奪回部隊に対する敵水上艦艇及び潜水艦の接近を阻止するとともに、事態の地理的拡大を防止するため、主として列島線に沿って必要な潜水艦を配備し得るための所要として、少なくとも16隻が必要。

③掃海部隊

機雷は安価でありながら破壊力が大きく費用対効果が高いこと、また、専用艦艇を使用しなくても敷設が可能であることから、今後テロリストによる非対称戦に使用される可能性も十分に考えられるほか、引き続き国際的な武力紛争等に使用される可能性が考えられる。このため、対機雷戦能力については、現下の安全保障環境においても依然として重要。

現行の掃海部隊は、我が国の生存に不可欠な海上交通の安全を確保するために最低限必要な体制であること、91年にペルシャ湾に派遣したように今後も国際活動への掃海部隊の派遣が考えられることから、引き続き機動運用部隊（3個隊9隻）と地域配備部隊（6個隊18隻）による現体制（掃海艦艇27隻）を維持することが必要。

④補給艦部隊

常時即応態勢にある2個護衛隊群に対する補給支援、又は常時即応態勢にある1個護衛隊群及び常時即応態勢にある掃海隊群の1個掃海隊に随伴する掃海母艦1隻に対する補給支援に対応し得る体制とする。このため、補給艦5隻体制を維持する。

⑤輸送艦部隊

国内における大規模災害派遣等の任務及び国際平和協力業務、国際緊急援助活動等への協力等に対応するため、常時輸送艦2隻を可動状態（うち1隻は即応態勢）で維持し得るよう、おおすみ型輸送艦3隻体制を維持する。

⑥固定翼哨戒機部隊

平時において我が国周辺の警戒監視態勢や、周辺事態及び島嶼部への侵略事態への対処をも想定し、所要機数を算定。〔次期固定翼哨戒機の導入による能力向上を加味〕

ア　平時（警戒監視）　警戒監視、国際活動（PSI等）、即応待機、要務（救難・災派・調査観測等）、訓練に必要な可動機数に、可動率・在隊率を勘案し、58機

イ　周辺事態（船舶検査活動）　警戒監視、常時オンステーション、即応待機、要務、訓練に必要な可動機数に、可動率等を勘案し、62機

ウ　局地・限定侵攻事態（島嶼部への侵略対処）　警戒監視、常時オンステーション、即応待機、要務、訓練（最低限の規模で実施）に可動率等を勘案し、65機

また、教育所要については、従来の実用機課程による新人教育に加え、練習機により実施していた基礎教育を実用機によって実施する。このため、教育所要として10機が必要。以上の各種事態における所要機数を勘案した結果、作戦用65機、教育用10機の計75機が必要。

⑦回転翼哨戒機部隊

今後、地域派出の護衛艦にヘリ搭載可能なDDの派出が進行すること、哨戒ヘリを護衛艦に搭載するこ

とにより、多様な事態に多目的に活用し得ることを踏まえ、陸上配備部隊（5個隊）と艦載部隊（4個隊）を5個航空隊に統合し、各定係港近傍の航空基地に配備する。1個護衛隊群の所要（可動機6機）と地方隊の所要機数（地域派出護衛艦の隻数に対応し、可動機3機又は4機。）を前提に、搭載可能率（哨戒ヘリを所要時に護衛艦に搭載することが可能である確率）及び在隊率を考慮して、所要として80機が必要である。（このほか、教育所要として9機を保有。）

⑧回転翼掃海・輸送機部隊

掃海所要については、現状と同じく可動機3機が必要。輸送所要については、護衛艦部隊の即応態勢の強化及び国際活動への対応の所要の増加を踏まえ、機動水上艦艇部隊に対する輸送支援として2機（1機増）、掃海母艦に対する輸送支援、固定翼機の離発着不可能な陸上基地間の輸送支援については現状と同じく各1機ずつ、計4機の可動機が必要。計7機の可動機を確保するため、新機種による可動率の向上を勘案し、11機が必要。

（3）航空自衛隊の将来体制

航空自衛隊は、現大綱策定時に、東西冷戦の終結という国際環境の変化及び我が国周辺の航空活動の変化を踏まえ、それまでの冷戦を前提とした体制を見直し、既に冷戦後を踏まえた体制への移行を完了している。こうした状況下、戦闘機部隊については、現大綱策定以降の緊急発進状況や、新たな脅威や多様な事態へ対応していくことを踏まえると、現体制を維持する必要がある。

他方、自衛隊に対する国際社会のニーズや期待に的確に応えるとともに、主体的・積極的に国際活動に取り組むための航空輸送体制の充実を図る必要がある。さらに、近年の科学技術の発展はめざましく、こうした状況も踏まえつつ、航空防衛力の見直しを推進していく必要がある。

①戦闘機部隊

ア　戦闘機の配置等　島嶼部への侵略等新たな脅威や多様な事態に迅速に対処するとともに、周辺諸国の状況の変化も踏まえて、質的・機能的な偏りを是正する。

イ　空対地攻撃機能の重視　空対地攻撃能力については、ゲリラや特殊部隊による攻撃、島嶼部への侵略といった新たな脅威や多様な事態に適切に対処するため、その高度化を図る。他方、航空機搭載弾薬については、適切な質的水準を保持するが、その備蓄基準については下方修正する。

ウ　作戦用航空機数の削減等　戦闘機については、現行の飛行隊定数（原則1個飛行隊18機）を維持するが、安全保障環境の変化を考慮し、18機を削減する。

エ　F―2の取得機数の削減　F―2の取得については、総取得機数の130機を約100機に見直すこととする。

②偵察機部隊

航空偵察部隊に関しては、地対空兵器技術、無人機技術及び偵察関連技術が進歩している状況も踏まえ、効率的な部隊への移行を図る。

偵察機については、偵察専任部隊を維持しつつも、その規模を縮小し、有人偵察機を14機保有する。ただし、取得情報のリアルタイム伝送化を図るとともに、無人機を積極的に活用することとする。また、今後、現有F―15を偵察機に転用し、その活用を図る。

③輸送機（空中給油・輸送機を含む）部隊

ア　我が国防衛のための所要　局地的、限定的な侵略事態において、必要な弾薬、整備器材等を短時間で空輸するためには、現有C―130×13機に加え、C―X×24機が必要である。また、空中給油・輸送機については、島嶼防衛などの事態を想定した場合、2個CAPポイントを常続的に維持するために、KC767×8機が必要である。

イ　国際活動等のための所要　国際活動等のための所要に的確に対応するためには、我が国防衛のための所要により積み上げられるC－130×13機及びC－X×24機に加えて、KC767×8機が必要である。

④航空警戒管制部隊

ア　レーダーサイト　弾道ミサイル探知能力を強化するため、FPS－XXを整備する。また、効率性のみならず、残存性確保にも資する可搬型レーダーについても整備する。

イ　移動レーダー、空中レーダー　移動警戒隊については、現在の体制を段階的に縮小する。空中レーダー（E－767、E－2C）については、引き続き探知能力等の向上を図るとともに、警戒管制機能を有する部隊（E－767）と警戒監視機能を有する部隊（E－2C）とに改編（2個飛行隊化）する。

ウ　指揮統制・通信機能　バッジ・システムを中核とする指揮統制・通信機能は、サイバー攻撃からの非脆弱性を確保することも含めて、優先して、その充実を図る。

⑤その他

ア　ペトリオットへの弾道ミサイル迎撃機能の付与　空自ペトリオット（地対空誘導弾部隊）に弾道ミサイル対処機能を付与する。また、機動運用能力の強化を図る。

イ　情報収集能力の強化　情報収集能力を強化するため、地上電波測定所の整備を推進する。また、現有YS－11EBの後継としての新型電波測定機を整備することが必要である。

ウ　基地防衛機能の強化　テロ、ゲリラ・特殊部隊による攻撃から航空基地等を防衛するための要領等について、研究、教導、評価するとともに、脅威が顕在化した場合における各基地の基地防衛能力の補完として機動的に運用する部隊（基地防衛教導隊（仮称））を新設する。また、テロ、ゲリラ・特殊部隊による攻撃や巡航ミサイル攻撃に対応した装備品（軽装甲機動車等）を取得する。また、えん体については、仕様と整備計画を見直す。

エ　各種の効率化　F―15等の定期整備実施間隔を延伸し、在場予備機の一部を他用途に転用する。

オ　陳腐化による用途廃止　一部の航空機等については、耐用命数等による用途廃止時期が来る前に、機能の陳腐化を理由とする早期の用途廃止を追求する。

（4）予備自衛官等の在り方

様々な事態に対して有効に対応するためには、その所要を急速に満たせるように日頃から予備の自衛官を保持することは重要である。とりわけ、大規模災害の際の対処や武力攻撃事態等の際における国民の保護のための措置の実施にあたっては人的戦力が必要であると考えられ、責任感・気力・体力・規律心などを自衛隊で培った予備自衛官等が、これらの任務にあたることが期待される。このため、以下の施策により、必要な人員の予備自衛官等を確保するための実効的な制度を構築し、「より機能する自衛隊」の基盤を確保するものとする。

ア　即応予備自衛官、予備自衛官、予備自衛官補は、平素はそれぞれの職業などに就いており、必要な練度を維持するため、毎年仕事などのスケジュールなどを調整し、休暇などを利用して訓練などに応じている。即応予備自衛官、予備自衛官、予備自衛官補の勤続を促進するため、仕事等の都合に配意し、訓練参加できる機会を増やす工夫を講ずる。

イ　予備自衛官等の制度趣旨や訓練の状況に関する広報を行い、雇用企業等の理解が得られるように努める。

ウ　自衛官退職予定者、元自衛官に対する募集活動を積極的に推進する。

エ　防衛基盤の育成・確保を図るとの観点から、将来にわたり、予備自衛官の勢力を安定的に確保し、民間の優れた専門技術を有効に活用するため、予備自衛官補の採用を推進する。

11　防衛力整備に係る方針

近年の防衛力の情報化・ネットワーク化の進行などを背景に、正面・後方の事業区分は境界が曖昧となってきており、むしろ事業区分を厳格に適用することによる弊害が生じているほか、C4ISR関連事業など正面・後方を一体化して推進することが重要な事業が増加しており、限られた予算で効果的な防衛力整備を行うため、予算における正面・後方の2区分を廃止するとともに、予算編成過程の効率化を図る。

12　防衛力を支える諸施策の方向性

これまで、防衛力の在り方検討会議等の場を通じて、情報、情報通信、部隊運用、防衛生産・技術基盤、研究開発、人事教育、広報活動といった、防衛力を支える諸施策について、抜本的な変革を行うべく、今後のあるべき姿について検討を行ってきた。このような検討に基づく、具体的な方向性は以下のとおりである。

(1)　防衛力の中核的要素である情報機能の強化

情報機能はもはや支援的要素ではなく、防衛力の中核的要素の一つとして位置付けることが適当である。防衛庁としては、高度な政策判断に資するとともに、統合運用の強化に資する情報収集・分析能力の充実などにより、情報機能を抜本的に強化していくことが重要であることから、以下の施策を講ずる。

・空間情報、電波情報等の多様な収集体制の強化
・従来型の脅威に加え、新たな脅威や多様な事態等への分析・評価体制の強化

・配布、保全体制の強化、能力の高い情報専門家確保のための措置

（2）統合運用の強化、国際活動等の新たなニーズに対応した情報通信基盤の整備

自衛隊における情報通信は、指揮中枢と各自衛隊の各級司令部、末端部隊に至る指揮統制のための基盤である。統合運用の強化、国際活動等への対応といった新たなニーズに対応することが極めて重要であるため、従来の陸海空自衛隊別の体制から、庁全体の、より広範・機動的な情報通信態勢へのシフトを図る必要がある。

このため、今後5ヵ年の「今後の情報通信政策（アクションプラン）」を策定し、以下の政策目標5本柱に従い、具体的事業を重点的かつ計画的に実現する。

・指揮命令ライン（縦方向）の情報集約・伝達の充実

・陸海空部隊レベル（横方向）の情報共有の推進

・サイバー攻撃対処態勢の構築

・国内関係機関（警察・海保等）、国外（米軍等）外部との情報共有の推進

・衛星通信等各種通信インフラの充実

（3）真に実効的な研究開発体制の確立

今後の研究開発体制を考えた場合、重点化する分野を選定するとともに、日本の優れた民生技術にも配慮する必要があるほか、技術戦略を提示する必要がある。

更に、研究・開発・配備の各段階において、最新の技術を取り込むとともに、同時に今後の防衛力の重視すべき事項を踏まえた運用側の要求を適切に取り入れていくため、新たな研究開発手法などの実現可能性を検討する必要がある。同時に、仮に研究開発に技術的な問題が生じた場合に事業を中止できる実効的な枠組みを整備する必要もある。

なお、研究開発した装備品を自動的に装備化することなく、研究開発終了時点で厳格な姿勢で臨むことが必要である。

このようなことから、現在の庁内の研究開発体制の問題点を洗い出し、研究開発の実施体制を見直す必要が生じており、以下の施策を遂行する。

・重点投資の実施（研究開発における「選択と集中」）
・防衛構想と研究開発の整合
・研究開発に当たっての官と民の役割分担の明確化
・研究開発に関する評価システムの検討
・技術研究本部の体制の在り方

（4）装備品等取得の合理化・効率化、真に必要な防衛生産・技術基盤の確立

我が国の防衛生産・技術基盤について、その位置付け、重要性及び必要性について明確に説明を行い、将来の我が国防衛にとって真に何が必要であるか考え方を整理し、限られた資源をその分野に重点的に配分していくこと（「選択と集中」）が必要である。また、装備品等の調達・補給・ライフサイクル管理の抜本的な合理化・効率化を図る必要があるとともに、調達の透明性について担保しつつ、効率的に業務が行えるような調達機関のあり方についての検討が必要となっている。以上を踏まえ、以下の措置を講ずる。

・総合取得改革の推進
・装備品等の取得管理組織体制の検討

（5）より機能する自衛隊に必要な人材の確保

①自衛官に関する施策

「より機能する自衛隊」に転換し、統合運用を基本とする体制の下、新たな脅威や多様な事態、国際的

な任務及び装備の高度化等に実効的に対応するため、従来にも増して、様々な状況に対応できる質の高い人材を確保・育成する必要性が高まっている。

また、厳しい雇用情勢の下、若年定年制及び任期制の隊員に対する再就職支援をさらに充実し、職業としての魅力化を図ることにより、質の高い人材を確保する必要性が増大しているところであり、このような点を踏まえ以下の施策を講ずる。

ア　様々な状況に対応できる人材を確保するための任用・退職管理の在り方

・広い視野と柔軟な判断力等を有する若手幹部の部隊等への積極的配置

・専門家集団たる准曹の活性化

・質の高い士の確保に係る検討

イ　統合運用や国際活動を踏まえた教育内容の充実、手法の改善

ウ　職業の魅力化の観点も踏まえた再就職支援

②事務官等に関する施策

自衛隊の隊務運営上の問題、人事管理上の問題を踏まえ、「より機能する自衛隊」の構築のためには、事務官等の在り方について抜本的な検討が必要な状況が生じている。今後の事務官等については、「高い専門性を備え意欲を持って効率的に行政事務分野について遺漏なきを期す」必要があり、以下の3項目の課題を設定し、各種施策の具体化に向けた作業に順次着手している。

・事務官等の位置づけと役割の整理・確立

・行政事務処理体制の効率化／既存の人材の効率的活用

・個々の事務官等の行政事務処理能力の向上

（6）新たな安全保障環境を踏まえた積極的広報体制の確立

国の平和と安全は、広く国民的基盤に立ち、国民各層の理解と支持があって成り立つものであり、国民各層の理解と支持を得るための広報活動が必要である。

自衛隊の任務の多様化等に伴う国民の防衛に対する関心が高まり、情報伝達手段の進展、多様化等の変化を踏まえ、広報の在り方についても見直す必要が生じてきているところであり、以下の施策を講ずる。

・積極的な広報体制の構築のための施策
・自衛隊と国民生活との接点の拡大のための施策
・広報活動における手段、対象の重点化
・自衛隊の活動の国際化に対応する広報

●治安出動の際における治安の維持に関する協定

防衛庁と国家公安委員会とは、治安出動の際における治安の維持に関する協定（昭和29年9月30日）の全部を改正するこの協定を締結する。

平成12年12月4日

防衛庁長官　虎島和夫
国家公安委員会委員長　西田　司

（趣旨）

第1条　この協定は、自衛隊が治安出動する際に自衛隊と警察が円滑かつ緊密に連携して任務を遂行し、治安を維持するため、その際における自衛隊と警察の協力関係に関する基本的事項を定めるものとする。

（相互の意見聴取）

第2条　防衛庁長官は、治安出動待機命令を発する必要があると認める場合において、内閣総理大臣に対しその旨を報告しようとするときは、国家公安委員会に連絡の上、その意見を付して行うものとする。

2　防衛庁長官又は国家公安委員会は、治安出動命令が発せられる必要があると認める場合において、内閣総理大臣に対しその旨を具申しようとするときは、それぞれ他方に連絡の上、その意見を付して行うものとする。

3　前2項の規定による連絡を受けた国家公安委員会は、速やかにこれについて意見を述べるものとする。前項の規定による連絡を受けた防衛庁長官についても、同様とする。

4　防衛庁長官又は国家公安委員会は、第1項及び第2項の規定にかかわらず、事態が緊迫して他方の意見を待ついとまがないときは、他方に通知の上、これを付さずに報告又は具申を行うことができる。

（事態への対処）

第3条　自衛隊及び警察は、治安出動命令が発せられた場合には、次に掲げる基準に準拠して、警察力の不足の程度、事態の状況等に応じた具体的な任務分担を協議により定め、それぞれの指揮系統に従い、事態に対処するものとする。

（1）治安を侵害する勢力の鎮圧及び防護対象の警備に関しおおむね警察力をもって対処することができる場合においては、自衛隊は、主として警察の支援後拠として行動するものとすること。

（2）治安を侵害する勢力の鎮圧に関しおおむね警察力をもって対処することができるが、防護対象の警備に関し警察力が不足する場合においては、自衛隊は、警察力の不足の程度に応じ、警察と協力して防護対象の警備に当たるものとすること。

（3）治安を侵害する勢力の鎮圧に関し警察力が不足する場合においては、自衛隊及び警察は、協力してその鎮圧に当たるものとし、この場合の任務分担は治安を侵害する勢力の装備、行動態様等に応じたものとすること。

2　前項に定めるもののほか、治安出動命令が発せられた場合においては、自衛隊（主として警務官及び警務官補〈以下「警務官等」という。〉）は、必要に応じ、警察に協力して、交通整理、質問、避難等の措置を行うものとする。

3　治安出動命令が発せられた場合において、自衛隊の隊員が現行犯人を逮捕したときは、昭和36年6月3日付け防衛庁発人第176号及び昭和36年6月7日付け国公委刑発第1号をもって合意された犯罪捜査に関する協定により警務官等が当該現行犯人に係る犯罪の捜査を行うものとされるときを除き、直ちにこれを警察官に引き渡すものとする。この場合において、自衛隊及び警察は、当該犯罪捜査に関し密接な連絡を保つものとする。

(連絡等)
第4条　自衛隊及び警察は、治安出動命令が発せられることとなる可能性のある事態が発生し、又は治安出動命令が発せられた場合には、次の各号に掲げる連絡、協力又は調整を行うものとする。
(1) 連絡員の相互派遣その他の方法により、治安情報（資料を含む。）その他の事項に関し、相互に緊密に連絡すること。
(2) 任務遂行に支障のない範囲内において、死傷者の収容、治療及び後送、通信施設その他の施設の利用、車両その他の物品の使用、専門的知識及び提供等に関し、相互に緊密に協力すること。
(3) 広報に関し、相互に調整すること。

(細部協定)
第5条　防衛庁及び警察庁は、この協定の実施に関し必要な事項について、細部協定を締結するものとする。

(現地協定)
第6条　自衛隊の方面隊若しくはその直轄部隊、地方隊又は航空方面隊若しくは航空混成団及び関係する警視庁又は道府県警察本部は、この協定及び前条に規定する細部協定に基づき、必要に応じ、現地協定を締結するものとする。

(見直し)
第7条　この協定に定める事項については、必要に応じ、見直しを行うものとする。
付則　この協定は、平成13年2月1日から実施する。

■好評発売中の自衛隊問題新刊■

●自衛隊の対テロ作戦―資料と解説（小西　誠著　定価1890円）
情報公開法で開示された自衛隊の対テロ関係未公開文書を収録。01年の9・11事件以後
自衛隊法改悪が行われ戦後初めて自衛隊が治安出動態勢に。このマル秘文書を徹底分析。

●自衛隊のイラク派兵―隊友よ　殺すな　殺されるな（小西　誠・渡邉修孝・矢吹隆史著）
定価2100円
イラク派兵の泥沼化の現在、自衛官そして家族たちは動揺。発足して1年たつ「自衛官人権ホットライン」に寄せられた声を紹介、隊員の人権を問う。

●逃げたい　やめたい自衛隊―現職自衛官のびっくり体験記（根津進司著　定価1785円）
自殺・脱走・いじめ・不祥事がまん延する自衛隊の生々しい実情を風刺。下級隊員が隊内の実態を初めて描いたノンフィクション。

著者略歴

小西　誠（こにし　まこと）

1949年宮崎県生まれ。航空生徒隊10期生。「米兵・自衛官人権ホットライン」事務局長。軍事批評家。

著書に『反戦自衛官』（合同出版）、『自衛隊の兵士運動』（三一新書）、『自衛隊の対テロ作戦』『自衛隊のイラク派兵』『隊友よ、侵略の銃はとるな』『ネコでもわかる？ 有事法制』『現代革命と軍隊』『公安警察の犯罪』『検証 内ゲバＰＡＲＴ１・ＰＡＲＴ２』『検証 党組織論』（以上、社会批評社）、『マルクス主義軍事論入門』（新泉社）ほか多数。

自衛隊そのトランスフォーメーション

2006年７月10日　第1刷発行

定　価　（本体1800円＋税）
著　者　小西誠
装　幀　佐藤俊男
発　行　株式会社　社会批評社
東京都中野区大和町1-12-10小西ビル
電話／03-3310-0681　FAX／03-3310-6561
郵便振替／00160-0-161276
ＵＲＬ　http://www.alpha-net.ne.jp/users2/shakai/top/shakai.htm
Email　shakai@mail3.alpha-net.ne.jp
印　刷　モリモト印刷株式会社

社会批評社・好評ノンフィクション

水木しげる／著　A 5 判 208 頁 定価（1500 ＋税）
●娘に語るお父さんの戦記
－南の島の戦争の話
南方の戦場で片腕を失い、奇跡の生還をした著者。戦争は、小林某が言う正義でも英雄的でもない。地獄のような戦争体験と真実をイラスト 90 枚と文で綴る。戦争体験の風化が叫ばれている現在、子どもたちにも、大人たちにも必読の書。

増山麗奈／著　四六判 258 頁　定価（1800 円＋税）
●桃色ゲリラ
－ＰＥＡＣＥ＆ＡＲＴの革命
０３年、イラク反戦運動に衝撃的に登場した反戦アート集団・桃色ゲリラ。その代表の著者が語る女性として、母としての生き様とは。また、戦争とエロス、そしてアートとはなにかを問いかける。

稲垣真美／著　四六判 214 頁　定価（1600 円＋税）
●良心的兵役拒否の潮流
－日本と世界の非戦の系譜
ヨーロッパから韓国・台湾などのアジアまで広がる良心的兵役拒否の運動。今、この新しい非戦の運動を戦前の灯台社事件をはじめ、戦後の運動まで紹介。有事法制が国会へ提案された今、良心的兵役・軍務・戦争拒否の運動の歴史的意義が明らかにされる。

小西 誠／著　四六判 253 頁　定価（2000 円＋税）
●自衛隊㊙文書集
－情報公開法で捉えた最新自衛隊情報
自衛隊は今、冷戦後の大転換を開始した。大規模侵攻対処から対テロ戦略へと。この実態を自衛隊の治安出動・海上警備行動・周辺事態出動関係を中心に、マル秘文書 29 点で一挙に公開。

渡邉修孝／著　四六判 247 頁　定価（2000 円＋税）
●戦場が培った非戦
－イラク「人質」渡邉修孝のたたかい
戦場体験から掴んだ非戦の軌跡―自衛官・義勇兵・新右翼、そして非戦へ変転した人生をいま、赤裸々に語る。

渡邉修孝／著　四六判 201 頁　定価（1600 円＋税）
●戦場イラクからのメール
－レジスタンスに「誘拐」された３日間
イラクで「拉致・拘束」された著者が、戦場のイラクを緊急リポート。「誘拐」事件の全貌、そして占領下イラク、サマワ自衛隊の生々しい実態を暴く。

石埼 学／著　四六判 168 頁 定価（1500 円＋税）
●憲法状況の現在を観る
－９条実現のための立憲的不服従
誰のための憲法か？　誰が憲法を壊すのか？　今、改憲と国民投票法案が日程に上る中、新進気鋭の憲法学者が危機にたつ憲法体制を徹底分析。